JN325022

オキナワの動物病性鑑定記

お苦しみはこれからだ

You ain't Learned nothing yet

獣医学博士
又吉正直
MATAYOSHI Masanao

ボーダーインク

本書を極寒の地、興部で生きとし生けるものを看取りつづける太田雅人君へ捧げる。
もし、彼の存在がなければ、わたしは大学を四年で卒業していただろう。

まえがき

この本のキーワードは「獣医学」と「オキナワ」そして「映画」である。

この異質な取り合わせを思いついたのはほかでもない。わたしが現在の職業に就く前には映画の世界で身過ぎ世過ぎをしようと思っていたからである。

古都首里にあった『有楽座』という映画館の向かいで生を受けて、「孟母三遷」の故事に疎かった母親のおかげで、爾来転居させられることなく、この娯楽の殿堂（古いね、また君も）という映画を享受する環境に置かれてきた。この邦画を中心とした劇場は時には洋画も上映し、また、群雄割拠していた頃の沖縄芝居もしばしば興業していたが、わたしが中学生の時についに世の趨勢とともに命脈つきた。

沖縄にも永く住んでいた芥川賞作家、池澤夏樹訳のジェイムズ・ヘリオット著『Ｄｒ．ヘリオットのおかしな体験』（集英社）の訳者のことばにはこう書いてある。

〈人は誰でも職業を持っているし、年をとればその職業を通じていろいろな体験が蓄積されるから、あるいは本の一冊くらい書けるかもしれない。しかしそうやって書いたものがふつうの読者にとってもおもしろい本になることはまずないのではないか。総理大臣の自伝は自画自賛に終始し、間諜の回想録ならよくできたスパイ小説の方がずっとおもしろい。八百屋のおじさんが書いた本は八百屋のおじさんしか読まないだろう。

はじめてこの本を読んだ時、獣医とはなんとうまい立場にいる奴が本を書いたものかと、まずその点に感心した。無数の動物たちと毎日つきあっているのだから、なかにはおかしなのもずいぶんいるだろうし、そのうちで特に愉快なのだけ集めても材料はふんだんにあるわけだ。（中略）こう考えてくれば世界中の獣医がみんな本を書かないのが不思議なくらいだ〉

学生の頃に読んだこの本に触発された理由（わけ）ではないが、家畜保健衛生所、家畜衛生試験場と動物の保健衛生、病性鑑定、試験研究で糊口をしのいできて、はや四半世紀になった。ここいらへんで、なにがしかの歳月の余禄みたいのがあるのではないかと自問自答してみた。

近年、Ｏ１５７、オウムによるボツリヌス毒素の研究、９・11ショックの国内版ともなった千葉県での国内初のＢＳＥ（牛海綿状脳症）の新聞報道、近隣の東南アジアで猖獗（しょうけつ）をきわめている高病原性鳥インフルエンザなどなどわれわれ業界を取り巻く環境もかまびすしくなっている。話題はこうした世界的な流行病（パンデミック）に加えて、専門である人獣共通感染症（ズーノーシス）や日常遭遇した事例を中心にまとめてみた。サブタイトルにあるとおり、ほとんどはわたしが直接あるいは間接に関わったものを記載したが、一部については先達に追懐を願ったり、理解を深めるために全国の症例も参考に供した。

近年、さまざまな分野でコラボレーションなるものが流行（はや）っているが、本書も異種競演になろうか。本の題名は、もちろん敬愛する和田誠著『お楽しみはこれからだ―映画の名セリフ』のオマージュである。映画がさまざまなジャンルで形成されているように、各話の内容はそれぞれのテーマによって、語り口を変えて表現してみた。「裁判劇」、「落語」、「艶笑譚」、「ミステリー」、「コメディ」仕立てのものをちりばめてある。

各話の巻頭には、タイトルの本歌取りともいえる原典の映画タイトルを記載した。映画好きな人もそうでなかった人も回想いただければ幸いである。こうして並べてみるといささか古い映画が多いのには驚かされる。しかし、やはり昔の邦題のほうがよかった。『ワンス・アポン・ア・タイム・イン・

アメリカ』(84年)、『ダンス・ウィズ・ウルブズ』(90年)や『リバー・ランズ・スルー・イット』(92年)では手の下しようがないもの。

わたしを鼓舞してくれた、前出の訳者のページをめくると以下の文章が続くことが、まえがきを書く段になり判明した。〈けれども、実際の話、おもしろい本を書くには良い材料のほかに才能というものがいる。文学的に素人ではひとりよがりになるに決まっているし、読者はついていけない。〉もはや、取り換えしはつかない。タイトルを表象するような心境になっているが、このまま押し切ることにした。

各話は本書のコンセプトのためか、唐突に「映画」の話が本題に挿入されるが、これはミュージカルで出演者が突如、歌や踊りを始めるようなものと同類である。感情の発露がそうさせたものと寛容な精神(ビューティフル・マインド)で接していただきたい。

この本はわたしの専門である獣医細菌学の分野の記載については、著者なりに正確を期したつもりだが、不備な点や思わぬ間違いもあるに相違ない。本書を頼りに獣医師国家試験の学説問題や第六話を座右にして司法試験に取り組む諸賢があらわれないことを祈る。

願わくば読後、博雅の士の教えを乞うことができれば望外である。

二〇〇七年、三月

ちあきなおみ歌う『小春おばさん』を聴きながら

著　者

目次

第一話

牛の尾を掴む男達

『虎の尾を踏む男達』
一九四五年　東宝
監督：黒澤　明
キャスト：大河内伝次郎
藤田　進
榎本健一

白装束の男達

ニュースで「高病原性鳥インフルエンザ」の発生現場のシーンが放映されている。

山間部の広大な敷地、あたかも兵営舎のように並列する何棟もの大型鶏舎をテレビ局の取材ヘリが旋回をくり返し、俯瞰（ふかん）から現場の模様をパースペクティブに捕らえていく。

そこには白装束に身を包んだ何十名もの人間が、振動するレンズを通して、連綿として作業する姿を映し続けている。

マスクにゴーグル。青紫色の手袋をし、白い雨靴が遠くからも確認できる。

何十メートルもの長い黄色のホースが幾重にも鶏舎の方へ引き込まれていく。通路は雪景色を思わすように一面白い粉が敷きつめられている。

別の場所では、パワーショベルが掘削のための長い溝を掘り出している。

あの連中は何者なのだろうか？

彼らのことはさて置き、ここではわれわれがまずイメージする獣医師の映像をスクリーンで観てみよう。

映画の中の獣医

『男はつらいよ　知床慕情』（87年）はシリーズ後期の傑作であり、全編四八作を通じても五指に入ると思われる名品である。

三八作目のこの作品は、北国の辺境で牛馬などの大動物の臨床を仕事にする、無骨で素直になれない初老の獣医、上野順吉を三船敏郎が演じている。

診療が終わった後、酪農家にフェンダーを蹴ってもらわなければエンジンがかからない錆びたボロ車を操っている。知床を旅する寅次郎は偶然、通りがかった三船の車を止めてヒッチハイクをする。

「エンジンが止まるんだ。早く乗れ！」

車の中の異様な臭いに唖然(あぜん)とする寅。

「おじさん、お百姓さんか？」

「牛飼いじゃない。獣医だ」

座る後部座席には膣鏡(ちつきょう)が無造作に置かれ、もの珍しげに手に取る寅次郎。

妻に先立たれ、父親に反対されながらも東京に駆け落ちした一人娘（竹下景子）がいる。寅は気に入られて、男やもめ所帯の殺風景の診療所兼自宅に泊まることになる。

理不尽なニッポンの農政の現状に獣医は怒り、寅に八つ当たりする。

往診の途中に出逢う離農する酪農家との別れの挨拶。

血まみれになり、腕まくりの前掛けをさらけ出し、老骨に鞭打ち苦心惨憺(さんたん)しながら難産のホルスタイン子牛を取り上げる三船。

その夜、ひそかに心を寄せる淡路恵子扮するスナック「はまなす」のママに湿布薬を背中に貼ってもらう。

「何べんも言うけど、この仕事は先生にはもう無理なんだよ……」

「でもそろそろ老後のことも考えなけりゃならない年なんだよ。どうするの？　体が効かなくなったら」

「鉄砲に弾込めて、羅臼岳（らうすだけ）に登って、銃口を口にくわえて、足の親指で引き金を引いてズドーンだ。死骸はクマにでも呉（く）れてやるさ」

……。

「今言わなかったらなー、おじさん。一生死ぬまで言えないぞ」と寅に説教され告白する上野獣医。

知床の壮観な風景をバックに、三船と淡路の演技が絶妙をきわめ、初老に入った男と女の心の機微が間然する所なく描かれている。海外ではシリーズの中で最も人気が高い作品であるという。

こうした、産業動物の診療を主体にするのが、これまでに本や映像でよく見られる典型的な獣医師像であった。まえがきにある英国にある架空の地名「ダロビー」に住むヘリオット氏も臨床医である。

これとは別に公務員や民間企業の社員としての「診療」をしない獣医師がいる。公務員には大きく国家公務員と地方公務員とに分けられるが、われわれが属するのが地方公務員であり、冒頭に登場する仲間たちである。彼らの仕事を紹介する前にまず、その根幹にある昭和二六年に制定された法律から入ることにしよう。

家畜伝染病予防法

家畜疾病対策の根幹をなす法規は、家畜伝染病予防法（以下「家伝法」）である。この法律の第一条は、「家畜の伝染性疾病（寄生虫病を含む。）の発生を予防し、及びまん延を防止することにより、畜産の振興を図ることを目的とする。」とある。

家伝法の第二条では二六種の「家畜伝染病」（法定伝染病）の定義があり、この中には海外悪性伝染病の「牛疫」「牛肺疫」「口蹄疫」「アフリカ豚コレラ」や「炭疽」を初めとする「狂犬病」「ブルセラ病」「伝達性海綿状脳症」「高病原性鳥インフルエンザ」といった人獣共通感染症等の重要な疾病が含まれる。このほか「破傷風」やマレーシアで猖獗（しょうけつ）を極めた「ニパウイルス感染症」など七一種の「届出伝染病」があり、「家畜伝染病」と合わせて九七種の伝染性疾病を「監視伝染病」という。

この法律は第一章～六章までの六六条と附則から構成されている。

家畜保健衛生所

家伝法に基づく家畜の防疫事務は、国（農林水産省）を中心にして、国と都道府県畜産主務課とが遂行する体制が築かれている。

実際の防疫実務は、国は直接関与せず都道府県の組織である「家畜保健衛生所（以下家保）」がこれを担っている。

家保は「家畜保健衛生所法」の第一条「家畜保健衛生所は、地方における家畜衛生の向上を図り、もって畜産の振興に資するため、都道府県が設置する」とある。

法律続きで恐縮だが、家保の事務の範囲をみてみる。

第三条にはこう記してある「家畜保健衛生所は、第一条第一項に規定する目的を達成するため、左に掲げる事務を行う。

一　家畜衛生に関する思想の普及及び向上に関する事務

二　家畜の伝染病の予防に関する事務

三　家畜の繁殖障害の除去及び人工授精の実施に関する事務

四　家畜の保健衛生上必要な試験及び検査に関する事務

五　寄生虫病、骨軟症その他農林水産大臣の指定する疾病の予防のために

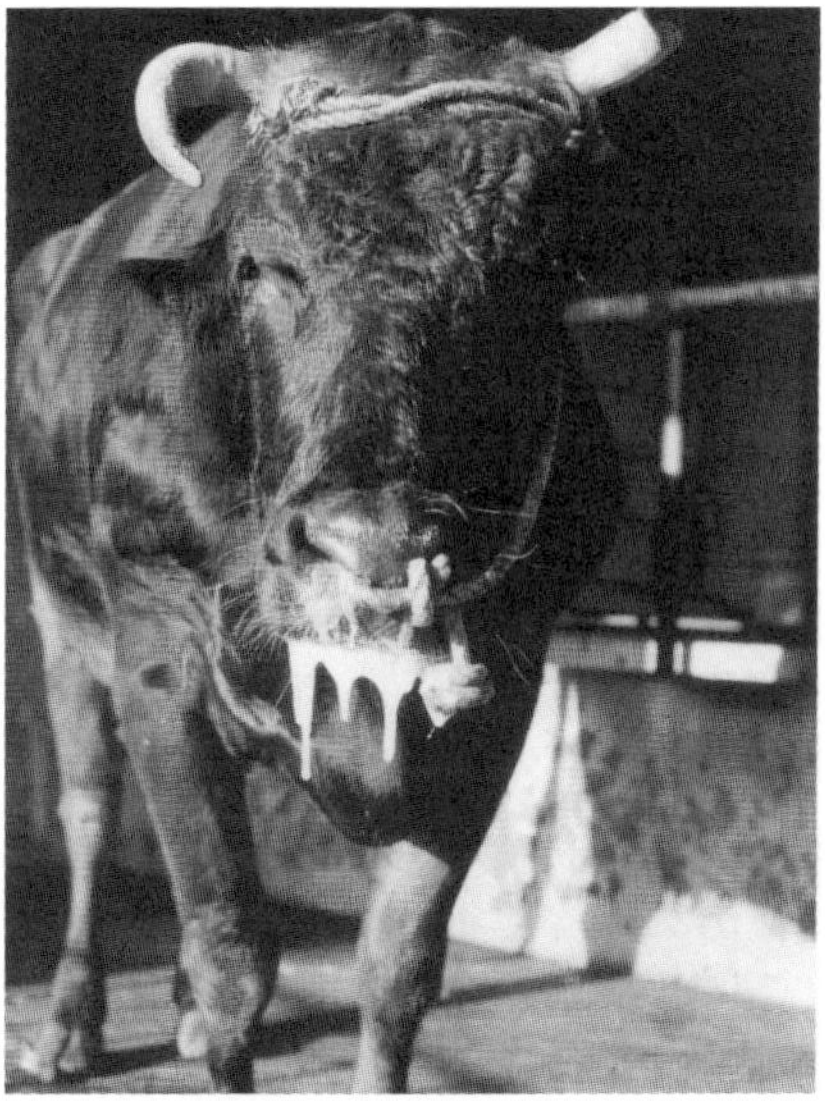

法定伝染病のイバラキ病の発症牛
（1988年　宮古島市　又吉原図）

する家畜の診断に関する事務
六　地方的特殊疾病の調査に関する事務
七　その他地方における家畜衛生の向上に関する事務

二〇〇六年三月三一日現在、全国の家保は一七七か所である。平均すると一都道府県あたり三・八か所になる。一番多いのはやはり北海道の一四か所で最も少ないのは東京都、滋賀県、奈良県の一か所である（支所を除く）。沖縄県は「北部（名護市）」「中央（南城市）」「宮古（宮古島市）」「八重山（石垣市）」の四か所が設置されている。

全国の職員数は二、五一九人、うち獣医師は二、一九三人（女性職員五一八名）となっている。

家畜防疫員

冒頭の白装束の者たちは、「家畜防疫員」という。

家伝法の第五三条には「この法律に規定する事務に従事させるため、都道府県知事は、当該都道府県の職員で獣医師であるものの中から、家畜防疫員を任命する。ただし、特に必要があるときは、当該都道府県の職員で家畜の伝染性疾病予防に関し学識のある獣医師以外の者を任命することができる」とある。

ウィキペディア（Wikipedia）の定義

ボランティアの自由参加型で運営、編集されている特異なフリー百科事典「ウィキペディア（Wikipedia）」によれば、

「家畜保健衛生所（かちくほけんえいせいじょ）」とは、家畜衛生全般の向上を通して食の安全の確保や畜産業の発展を支える公的機関の一つであり、家畜保健衛生所法に基づく都道府県の必置機関である。経理などを担当する事務職員や所内での検査のみに従事する検査専門の職員もいるが、主な職員は所長を含めた「家畜防疫員」と呼ばれる職員である。

業務内容として、

・家畜衛生の向上に関するもの

家畜衛生に関する情報の収集及び提供、並びに技術及び知識の普及指導

家畜の生産向上

畜産物の品質及び安全性の確保

家畜の保健衛生上必要な試験、調査及び検査

・家畜伝染病の予防に関するもの

農林水産大臣の指定する病気の予防のために行う家畜の診断

家畜伝染病発生時におけるまん延を防止するための防疫措置（消毒・殺処分等）

・家畜の病性鑑定に関するもの（病理解剖、細菌・ウイルス等病原体の分離・同定、血液の生化学的分析）

・その他

獣医事（動物診療施設に関する相談や、動物診療施設を開設する際の届出受理）

開業獣医師や家畜人工授精師がいない地域（離島や僻地）における家畜の診療・人工授精

とある。

さらに「家畜だけから動物全般へ」という小項目になると、『nature』誌にもその科学的記述の正確性が評価された、独特の持論を展開する。

「近年、全国的にも畜産農家の戸数・家畜の飼養頭羽数の減少の一途をたどっていること、公的機関でありながら従来業務で畜産農家以外を殆ど対象にして来なかったことなどもあって、世間一般における認知度は決して高いものとは言えず、一般市民からは野犬捕獲を行う動物愛護センターや人の保健所と間違われる事が多かった。

しかし動物の病気を診断する地方公共機関が他に存在しないこと、及び日本国内でもＢＳＥや高病原性鳥インフルエンザが発生した関係で、家畜だけでなく野生動物（ただし、本来の業務ではない）や学校で飼育されている動物まで含めた検査業務依頼が急増しており、野鳥の大量死などもあって注目を集めるようになってきている」

黒衣から白装束へ

確かに、編集子も指摘するように、家保が脚光を浴びだしたのは一九九六年五月に岡山県邑久町の小学校において勃発したO157事件あたりがその黎明ではなかろうか。腸管出血性大腸菌の牛の保菌実態が明らかになりだし、消費者から食の安全・安心がささやかれ出した頃である。

その後、二〇〇一年九月一〇日、農林水産省が千葉県白井市のホルスタイン種に牛海綿状脳症（BSE）の疑いがあることを発表した日をさかいに、それまで黒衣（くろこ）に徹していた「家畜防疫員」が白装束に身をつつみ、巷間（こうかん）に現れだした。

動物の採血

動物の病気の診断をする場合、感染症、栄養障害、中毒、腫瘍などさまざまな原因が想定される。家保が病性鑑定を行う時は、通常開業獣医師や共済団体で診断を受けて、その後原因が不明であったものや施設の関係で家保や試験場でしか診断が不能の例がほとんどである。

家保での診断の一歩はまず検体の採取から始まる。検体は血液、尿、被毛が中心であるが、時によっては死体あるいは瀕死や見込みのない（これを業界用語で「予後不良」と呼ぶ）動物が丸ごと対象となる。

なにはともあれ、血液は人の場合でも同様であるが、診断の基となる情報のエッセンスが詰まっている。

敗血症が疑われれば、血液を培養することによって細菌や真菌の確認が可能となる。血液塗沫標本はバベシア病やピロプラズマ病などの住血微生物が媒介する病気の確定診断のきめてとなる。鶏のニューカッスル病の野外感染はワクチンによる抗体の数百倍から数千倍の上昇が認められる……。

烏骨鶏の勝手でしょう

採血も動物の種類によって千差万別だ。鶏は翼下静脈という左右の翼の内側にある静脈から採取する。慣れてくれば独りでも保定、採血が可能で最も簡単かつ数百羽単位の採血も可能である。但し、曲者は烏骨鶏(うこっけい)である。烏骨鶏は名前の由来となった骨をはじめ皮膚、肉はもちろん卵巣、精巣などの臓器まで黒紫色をしている。メラニン色素の沈着が原因とされるが、血管と皮膚の色が同じで最初はなかなか両者の判別がつかない。まあ、烏骨鶏の採血なんてそう滅多にあるものではないが。

一一三デシベルの鳴き声

やはり豚が最も苦労する。他の動物の場合は血管が目視できるからなんとかなる。豚は頸部の深層にあって、右心房に帰流する前大静脈という気管の腹面を走行する血管から採血するので彼我（ひが）の技術の違いが明確に現れる。

保定に用いるのは、俗に「ハナカン（鼻環）」と称す金属製ワイヤー型豚用保定器である。皮下脂肪が厚いうえ、雄豚の場合は三〇〇kg以上もある巨躯が採血中ずっと牙を剥きだして鳴き通し、保定する方は腕、腰、鼓膜も大変である。

香川県西部家畜保健衛生所の真鍋圭哲氏の報告によると、豚（三〇頭）の採血時における保定中の鳴き声は採血者の耳元で最高値一一八デシベル、最低値九八デシベル、平均値一一三・二デシベルであったという。米国のWalshによると一〇〇デシベル以上の騒音に一時間以上さらされると聴力障害になるいわれる。ちなみに一〇〇デシベルは電車通過時の線路脇の騒音に相当する。真鍋らは独自の保定枠を試作し、豚に与えるストレスを抑え、平均値を七四・五デシベルまで軽減している。

鶏口牛後

「鶏口となるも牛後となるなかれ」という故事成語がある。俗界の解釈はともあれ、斯界（しかい）に身を置く者達にとっては、誰しも骨身にしみている例えである。

牛は以前は頸静脈から採血していたが、今ではホルスタイン種の乳牛の場合は尾静脈（尾の裏側を付け根から先端部にかけて正中線を走行）からの採血が主流になっている。尾静脈法の長所はスタンチョン式という牛舎構造では牛が採餌する場所でちょうど首の部分がゆるく固定されるため、飼い主などが保定する必要がない。また、静脈も太く、ほとんどが十秒以内で採血できる点も大きな魅力のひとつだ。

短所は頭数が増えてくるにつれ牛の尾を挙げる方の腕がしびれてくることの一言に尽きる。現在の乳牛の主流であるホルスタイン・フリーシアン種はライン河の低湿地であるオランダのフリーネ地方やドイツのホルスタイン地方を原産地としているため、なんせ彼の地の人間同様体格がでっかい。体高で平均一四五センチ前後あるから、その牛の尾を根本から約三〇センチの箇所をむんずと掴み、真上に推挙し続けるのは時間が経つにつれ大変である。特に定期検査のシーズン初めの五月頃は翌日、筋肉痛が容赦なく襲う。

黒毛和種のような肉牛では、種雄牛を除けば尾静脈からの採血は難しくなる。ホルスタイン種よりも血管が細く、尾をつかまれるのに慣れていないためか暴れる牛がいるためである。黒毛和種は神経質なものも多く、私は以前、子牛の去勢時にバルザック式という無血去勢器で締めあげた途端、危うく左の眼の僅か数センチの所を蹴り上げられて転倒した体験がある。少しそれていたら、眼球陥没のところであった。われわれの同業者にも鼻骨を折られたのもいる。しかし、牛の後足を前にして馬手（めて）に血刀ならぬ採血管を持ち、弓手（ゆんで）に牛の尾を掴んでいると丸腰の状態になり甚だ心許ない。家保の備品にはノーファールカップなどはないから勢い半身の格好で対峙することになる。やはり「鶏口となるも牛後となるなかれ」だ。

近年、獣医師も女性の社会進出が著しく、慶賀すべきことである。われわれの頃は一割もいなかった女子の比率が現在では半数を超える大学も珍しくない。就職希望はその多くがペット関連の開業とはいえ、産業動物を扱う家保でも着実に増えている。全国津々浦々、体力のハンディを乗り越え、昂然として牛の尾を掴む女達が席巻しはじめている。

第二話

剖検者たち

『冒険者たち　Aventuriers』
一九六七年　フランス
監督：ロベール・アンリコ
キャスト：リノ・ヴァンチュラ
アラン・ドロン
ジョアンナ・シムカス

冒険者たち

英国の作家、ジェローム・K・ジェロームの『ボートの三人男―犬は勘定に入れません』（中公文庫）は丸谷才一の名訳で一躍知られるようになった傑作ユーモア小説である。巷間に伝わるところによると丸谷訳は原書よりさらに面白くなっているらしい。

気鬱にとりつかれた三人の紳士が犬をお供に、テムズ河をボートで漕ぎ出した。歴史を秘めた町や村、城や森をたどりつつ、抱腹絶倒の珍事続出、愉快で滑稽、皮肉で珍妙な河の冒険譚がつづく。

旅立ちのきっかけとなる冒頭の一節を再現する。

〈三人とも気分がすぐれないし、三人ともそのことをひどく気にしていた。（略）ぼくはある日、大英博物館へ出かけたときのことを思い出す。ちょっと気分がすぐれなかったので―たぶん乾草熱だったと思う―手当てを調べに行ったのだ。まず、書物を前に置いて、読むべき所を読んだ。それから、なんの気なしにページを操って、遊び半分に、病気一般について研究をはじめたのであった。最初に頭をつっこんだのは何という病気の所だったか、すっかり忘れたけれども、とにかく恐ろしい、悲惨な結果をもたらす疾患だったと思う。ぼくはその病気の「前駆的症状」の項を半分も読まないうちに、おれはこいつにやられている、と考えたのだ。（略）

ぼくは、すっかり面白くなって、徹底的に調べようと決心し、アルファベット順にはじめた。まず瘧（おこり）（Ague）の所を見ると、なりかけていることが判った。もう二週間もすると劇烈なことになりそうである。次に腎臓病（Bright' sdisease）。これはわりにおてやわらかなのでほっとした。この病気に関する限り、ぼくはまだ数年間、生きていられそうであった。コレラ（Cholera）——これはひどくこじれている。ジフテリア（Diphtheria）——これは生まれながらにかかっている。ぼくはアルファベット二十六文字を順に追って、几帳面に調べあげた。結局、かかっていないと結論をくだすことのできる病気は、ただ一つ膝蓋粘液腫だけであった。

実をいうと、最初は、この病気にだけかかっていないことにかなり不満だった。なんとなく馬鹿にされているような気がしたのだ。一体なぜおれは、膝蓋粘液腫にだけはやられなかったのかしら？　膝蓋粘液腫のやつ、なぜこんな厭味な遠慮をしやがるんだろう？　しかし、しばらく経つと、もう少し鷹揚な気持ちになって、まあ、膝蓋粘液腫はなくても我慢しようと決心した。痛風（Gout）はちっとも気がつかないうちにとりついて、不治の段階に立ち入っているようだし、疱瘡（Zymosis）は明らかに少年時代からやられている。そしてアルファベット順でいくと、疱瘡の後にはもう病気がないから、これで終わりというわけであった。〉

ことほどさように、人は病気好きである。いわんや、現在の酷烈な環境におかれている動物においておや。

病気の見立てをする場合は、人は書物をひもとくが、われわれも何かに依存しなければならない。

剖検

剖検は病理解剖と同意語である。

『牛病学（初版）』（近代出版）により、その定義をみてみる。

「病理解剖は剖検と略称される。その目的は、一定の方式に従って動物を解体して臓器組織の変化を詳細に観察、得られた事実に基づいて、その動物の死因あるいは病的状態（病態）の原因を考察し、これを明らかにすることにある。肉眼的観察だけでは病変の性質を判定しがたい場合には組織学的検索を行い、さらに微生物学的、血清学的、理化学的検査などを実施することによって診断を確実にすることができる。

症状が多様であるため臨床診断が困難な症例を理解するには病理解剖はきわめて有効である。剖検で得られた所見と臨床所見を照合することによって診断の確認、誤った考え方の是正や新しい事実の発見が期待される」

最後の二行に述べられているとおり、稟告の聴取能力は診断の方向性を大きく左右する。できるだけ個人の主観や既成概念を取り払い、己をニュートラルに律しないといけない。かといって体験に裏付けされた確固たる主観こそが、正確な診断を行うよすがとなることは言うまでもない。

稟告

同書の剖検の実施要領の一・稟告の聴取には「動物の性、年齢、産地、飼養管理の状態、発病の時期、症状、病気の経過、治療的処置の有無、その方法、類似疾患の発生の有無など参考になる生前の事項を、畜主あるいは獣医師からできるだけ詳細に聞き取る」とある。

わたしは、名護市の北部家畜保健衛生所でデビューし、一年後北部の離島の伊是名島へ駐在として赴任した。

北部家保で先輩諸氏と同行し、病性鑑定をしている頃とちがい、臨床から本来の家保の業務を一人ですべてをやらされる。いきおい、書物に委ねざるを得ないが、その時、『主要症状を基礎にした牛の臨床』（デーリィマン社）をよく活用した。新版では、一八〇余の疾患を、主要症状から五七の症状に分類し、さらに各症状群ごとに類症鑑別表が作製されている。

例をあげると、「急死しやすい疾患」として一九種の疾患がある。各症状群の疾病の配列は、現場で遭遇しやすい順番になっている。

炭疽、気腫疽、悪性水腫、壊疽性乳房炎、エンテロトキセミアと細菌性疾病の記載が続く。また、各疾患ごとに、「放牧牛」「突然の発症」「発熱」「チアノーゼ」「黄疸」「呼吸速迫」「疝痛症状」「血便」「神経症状」「歩様異常」などの主要症状の項目で必発症状、認められやすい症状が判別でき、診断の理解が深まる。

「三六・被毛の淡色化する疾患」には、モリブデン中毒、チェディアックヒガシ症候群、ラットテール症候群、銅欠乏症、亜鉛欠乏症と続く。

銅欠乏症は、本来土壌中に銅が欠乏した結果おこり、世界中の放牧地で発生する代謝性の疾患である。繁殖力の低下、被毛の粗剛と退色が認められ、下痢が続く。

国内における牛の銅（Cu）欠乏症はほとんどがモリブデンの過剰摂取によるCu吸収抑制が主な発生要因と考えられている。しかし、沖縄県ではあるメカニズムで牛のCu欠乏症が発生した。貯蔵中のヘイレージ（低水分サイレージ）が高温発酵によりヒートダメージを受け変質し、牧草に含まれる可溶性のCuの含有量が著しく低下することが明らかになった。この牧草を長期間給与するとモリブデンの摂取に関係なくCu欠乏症が発生する。これらの成果は県畜産試験場（現畜産研究センター）の仲宗根一哉や家畜衛生試験場の安里左知子らの調査研究で解明された。

診断は特徴的な臨床症状と患畜の血清Cuの低値から明らかになった。これなどは、基本的な型の疾病とは診断せずに、さらにさまざまな疫学調査を行った結果でもある。

N動物園、夕刻

動物の剖検は、ところかまわず、場所を選ばない。

生きている動物で予後不良の場合は剖検にふさわしい場所に移動してできるが、急死した場合やほとんど瀕死の状態で歩行できないケースでは、いきおい放牧場、採草地の旁(かたわ)ら、牛舎の通路などなどが剖検の場所になる。

こうした現場では、まず気象条件によっては、苛酷な作業になる。夏の炎天下に放牧場で急死

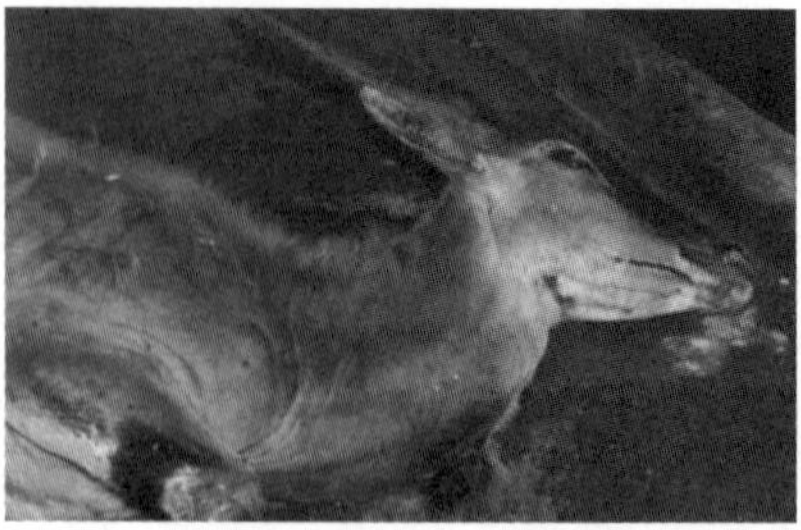
急死したエランドの剖検

した馬の解剖は一人でやるのは刑罰にも等しい。ものの数分でハエがたかってくるし、ヤブ蚊の侵襲も受ける。採草地の一角で、埋却用の掘削機が土埃をあげる傍らに行う種雄牛の腑分けも大変。

家畜ばかりではない。家保には動物園の野生動物の剖検依頼もくる。

「すみません。エランドが死んだので、病性鑑定をお願いできませんでしょうか」

N動物園のM部長から午後四時過ぎに電話がくる。どこかオタク的風貌と雰囲気を醸し出す人物である。ときどきこの調子で鄭重に連絡して来るので、もうすっかり顔馴染み。

「エランド？　って何でしたっけ」

「羚羊の一種です。カモシカの仲間でオオカモシカともいいます。う−ん、背の高い痩せたウシといった印象ですか。オスです」

「ふーん、れいようですか（妖麗ならコチラもお付き合い願いたいがね……）。家保へは運べませんか？」

「狭い飼育舎の中で死んでいるものですから動かせません。こちらでお願いします」

「判りました。すぐ行きます」

三人の剖検者たち

生憎、人手が足りず、さまざま準備して後輩の多嘉良功君、砂川尚哉君と三人で行く。現場に着いた頃にはもう五時を廻っている。

剥皮刀、解剖刀、検査刀、斧、骨鋏、板鋸、木槌、外科用メス、鉗子、ハサミ、ピンセット、麻紐、軍手、ゴム手袋、ホルマリン液、滅菌シャーレ、消毒薬、剖検記録紙、カメラなどなどを両手に引っさげて、飼育舎に入る。

体長約二・五ｍ、体高約一・六ｍ程度の羚羊類では最大の種がわれわれを歓待してくれた。

剖検が始まる。夕刻になっているので、飼育舎の中はもう後一時間もすれば暗くなるだろう。灯りがとれるあいだにと、稟告の聴取を後回しにする。

反芻獣は膨大な前胃が左側にあるので、生きている動物を剖検する時はそれが邪魔ならないよう左側臥にして剥皮するのが普通だが、今回は右側臥のまま死亡している。

下顎より尾根部まで正中線を皮切し、剥皮し、皮下組織を露出させる。表在リンパ節の腫大がないかを確認する。

とりあえず、開胸と胸部の内景検査を行う。まず微生物学的検査の材料採取にうつる。肺の病変の有無を確認して、滅菌ピンセットでシャーレに採材。心臓も同じように行う。細菌、ウイルス用の材料は無菌的に採取しないといけないため、病理用の臓器は後回しにする。

次に開腹と腹部の内景検査にうつる。内景検査では、脾臓の腫大がないかどうか確認する。脾臓の顕著な腫大は炭疽の所見の一つであり、成書にはこうした所見が見られたら炭疽を疑い、菌の拡散を防ぐために、剖検を中止する旨が記載されているのもある。しかし、炭疽が年間に数百頭も発生したのは、明治から昭和初期にかけてである。戦後、飼養形態の変化や家畜衛生の普及により、炭疽は十年に一頭発生するかどうかの疾病になっている。この記載があまり幅をきかせすぎているきらいがあるのでなかろうか。今日、脾腫の著明な腫大は炭疽より、むしろ嫌気性菌が関与する気腫疽や悪性水腫の発生が圧倒的に多い。

頭部の分離

頭部の分離は環椎の後頭関節周囲の筋肉を切離し、関節包の背側に切れ目を入れ、流出する脳脊髄液の量と性状を観察する。脳脊髄液の検査が診断に有効なことがあるので、関節包に切れ目を入れる前に、注射器で脳脊髄液を無菌的に採取する。腹側より深く刀を入れて脊髄、靭帯を切断し頭骨を分離する。

「脳出し」

次に、最も厄介な「脳出し」と称する頭蓋骨から脳を取り出す開頭を行う。脂肪や筋肉を取り除き、骨膜を徹底的に剥がしとる。これが不充分だと、鋸の目に屑が詰まって後の作業がやりにくくなる。

脳の取り出しは頭蓋骨のどの部分に脳が位置しているかが、また問題となってくる。これが動物によって違ってくるのだ。牛の場合は、以下のとおり行う。

両眼窩後縁を結ぶ横断線①を想定し、ここに軽く鋸目を付ける。その二横指後部に平行な横断線②をつくる。この線は頭蓋を開く一番前の線となる。①の中点から両角の付着部を外側を通り両後頭顆上縁までの線③、④以上の線を軽く鋸断する。前頭骨にできた三角形の部分をノミで取って前頭洞の深さを確認し、脳を鋸断しないように注意しながら再び横断線②を鋸断する。側頭骨と前頭骨は浅め、後頭骨は深めに鋸断する。頭蓋がはずれにくい場合、鋸断線を斧あるいはノミで軽く再断したり、槌で後頭骨を後ろから軽く打って頭蓋をはずす。

エランドの脳

東京医科歯科大学の萬年甫（まんねんはじめ）名誉教授の著作『動物の脳採集記』（中公文庫）は、脳の標本の美しさに魅せられて解剖学を志した著者が、繰り広げる戦後の疾風怒濤（シュトゥルム・ウント・ドラング）の時代の貴重な体験を披露してくれる。

キリンの首をかついで、タクシー代を浮かすために三人の学者が国電に紛れ込む話（動物の死体を電車に持ち込むのは禁止事項という）、厳冬の影響で死亡した四頭のサーカスの像から二日がかりで脳出しを行う話、厚さ一〇㎜以上もある頭蓋骨をもつ子カバの脳と一人で取り組む話などが軽妙な筆致でとらえられている。

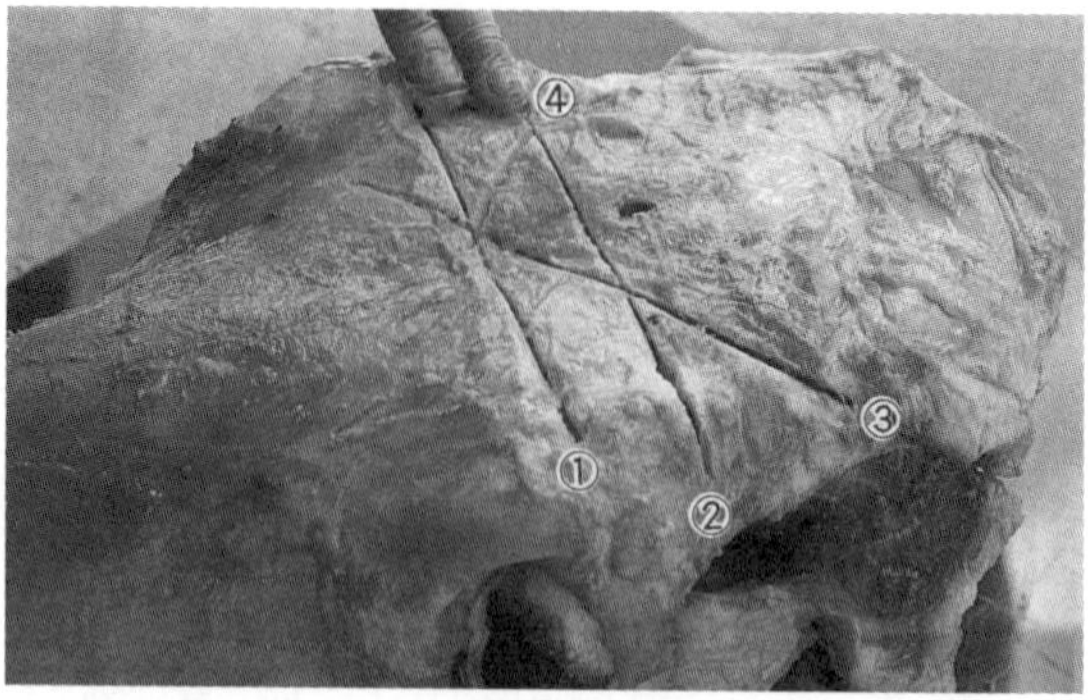

牛の頭蓋骨の鋸断

『JAWS／ジョーズ』（75年）でもリチャード・ドレイファス扮する海洋学者がホホジロザメ*Carcharodon carcharias*を一人で解剖するシーンがあるが、映画とはいえ中腰姿で大儀そうであった。胃袋から魚などと一緒に車のナンバープレートが出てきたのは笑えた。

さまざまな動物の脳と格闘するのが専門の萬年先生といえども脳出しには苦戦する。この日も時間が迫っていた関係もあり、取りあえず頭の分離のみを行い、脳出しは家保で行う算段をする。

家保で行ったエランドの脳出しは、やはり牛の場合とは異なり、脳の収まっている位置の確認にとまどり、小一時間かかってやって終了した。時刻はすでに八時を大きく廻っている。これから、さらに細菌培養の準備に取りかからなければ。

第三話

かくも短き不在

『かくも長き不在　Une aussi longue absence』
一九六〇年　フランス
監督：アンリ・コルピ
脚本：マルグリット・デュラス
キャスト：アリダ・ヴァリ
ジョルジュ・ウィルソン
ジャック・アルダン

一本の電話

一九八一年五月にわたしは北部家畜保健衛生所に採用になった。

今と違い病性鑑定の件数も少なく、家畜衛生指導業など関連する業務も簡単な検査ばかりでほとんど残業などすることもなく、平穏無事に過ぎ去り、年度も残り一月を余すまでになっていた。

当時の直接の上司（防疫衛生課長）だった松田正勝はやがて三月末の定年までの三十余日を控え、そろそろ年休消化に取りかかろうとしている矢先であった。

一九八二年二月二五日（木）夕方、本庁畜産課衛生係から北部家保に一本の電話が鳴った。

同日、那覇市内のOと畜場でと殺された豚二七一頭中の一頭に、と畜検査の内臓検査で異状が認められた。宜野座村の肥育農家から出荷された豚一六頭中一頭が炭疽の疑いがあることが判明した。

内臓検査の段階で、空腸部の限局性ホース状腫脹、粘膜面での著しい偽膜形成、腸管膜リンパ節の強い限局性腫脹、割面では出血と壊死が認められた。その他の臓器には異常は認められず、同一農場から出荷された他の一五頭は正常であった。

沖縄県中央食肉衛生検査所では、当時カンピロバクター性腸炎の検査を実施しており、その検査材料として異常部分を検査室に持ち込んだが、炭疽との類似性を懸念して、直ちに塗抹標本を作製して鏡検した。その結果、炭疽菌を否定し得ない所見であった。

縮毛状集落

二月二六日（金）、異常を示した腸間膜リンパ節と同材料から分離培養した寒天平板培地が中央食肉衛生検査所から家畜衛生試験場に搬入され、検査が開始された。菌の同定は当時の第三研究室の本永博一主任研究員を中心に行われた。

菌の性状はR（ラフ）型縮毛状集落、グラム陽性の連鎖大型桿菌、莢膜（＋）で運動性（－）であった。腸間膜リンパ節乳剤のマウス接種と対照菌株（炭疽Ⅱ苗H株および枯草菌 *Bacillus subtilis*）の培養が行われた。

二月二七日（土）パールテスト(±)（菌の球状化が小さく、かつ少ないため）、γファージの培養（農林水産省家畜衛生試験場九州支所より分与）、死亡または衰弱マウス検査と培養。

二月二八日（日）パールテスト（＋）、γファージテスト（＋）の結果、炭疽菌と確定した。

『出エジプト記』 Exodus

炭疽菌 *Bacillus anthracis* は人類の歴史と長い関係にあり、旧約聖書の出エジプト記であるExodusに家畜の集団が炭疽に罹患している記載が残っている。

「出エジプト」は、イスラエルの民が紀元前十三世紀頃、エジプトで奴隷生活を送っていたところに、モーゼという傑出した指導者が現れて、現在のパレスチナをめざして解放の旅に出た大事件のことである。この脱出劇をつづったのが『創世記』の次の『出エジプト記』。

「死んだ魚を餌にする昆虫は繁殖し、炭疽を媒介し最終的には家畜は伝染病にかかり、人間には腫れ物ができる」

Exodus はポール・ニューマンが主演したイスラエル建国秘話、オットー・プレミンジャー監督『栄光への脱出』（60年）の原題にもなっている。ニューマンは建国のリーダーの一人で、六百人の同胞と船で現地へ向かう。現代のモーゼを思わせる描き方をされている。現地には父と叔父がいて、父は穏健派だが、叔父は過激派で、テロ活動をやっている。

叔父の言葉。

「歴史を見ろ。テロ、暴力、死は国を誕生させる助産婦なのだ」

ラスト近く、ニューマンの言葉。

「平和が死者だけのものではいけない。生きるものにも必要だ」

世界で初めての病原性細菌

コッホが一八七六年に世界で初めて病原細菌の純培養に成功したのが炭疽菌である。一八八一年にはパスツールが高温培養法で弱毒生ワクチンの実用化に成功した。

炭疽菌はグラム陽性の通性嫌気性桿菌で通常では土壌に分布する土壌細菌の一種である。酸素の存在する土壌中では芽胞として長期間生存し、何らかの機会で動物に感染する。芽胞は人を含め動物の体内に侵入すると発芽 germination し、栄養型として体内で急速に増殖し、発病する。

芽胞菌が栄養型になるには温度八〜四五℃、pH五〜九、相対湿度九五％以上、適当な栄養源が必要である。

炭疽菌の研究は近代微生物の基礎を築き、その発展に大きく貢献してきた。しかし、「貧者の核兵器」としてアメリカの同時多発テロをに引き続き起こった炭疽菌によるテロ事件が世界中を震撼させている。

炭疽ベルト

炭疽菌に感染し死んだ動物により土壌などの環境は汚染され、再び発芽するという感染サイクルを通じて濃厚汚染地帯を作る。

炭疽は世界中で発生がみられているが、なかでもスペイン中部からギリシャ、トルコ、パキスタンにかけては炭疽ベルトという汚染地帯がある。また、アフリカ、特に西アフリカは人、家畜の炭疽の発生が深刻であり、象を中心とした野生動物にも日常的に発生している。

感受性動物と臨床症状

炭疽は一般的に草食動物である牛、馬、綿羊および山羊などが最も感受性が高いが、炭疽で死亡した動物の死骸を食べる犬や肉食動物、雑食動物にも発生している。豚は家畜としては感受性はあまり高くなく発生は少ない。また人も比較的感受性は低いとされている。

臨床症状として草食動物など感受性が高い動物は定型的な急性敗血症を呈し、開口部からの出血や皮下出血をともない、最終的には致死因子 lethal factor ＬＦと呼ばれる蛋白質によるショックにより死亡すると考えられている。潜伏期は一～五日である。「牛病学（第二版）」の炭疽を引用すると、「本病の臨床症状としては、発熱、発汗、心悸亢進、呼吸困難、食欲廃絶、結膜充血、末期には体温下降し、元気なく不安状態がみられ、妊娠牛では流産を起こし、泌乳は停止する。経過の早い例では発症から二四時間以内に死亡する」。

豚の場合は、感受性の高い動物での病性とは異なり、急性敗血症や脾腫はむしろ少なく、慢性、局所性あるいは非定型炭疽とよばれており、複雑な病型を示す。「豚病学（第四版）」によると、豚の症状は腸炎型、咽喉部に病変を作るアンギナ型、幼豚に多い急性敗血症型に大別される。この中で最も多い病型である腸炎型は特徴的な臨床症状に乏しく、病変は病理解剖所見で発見されることが多い。事実、国内ではと畜場の食肉衛生検査の段階で摘発される例が多い。「病変は主として十二指腸および空腸の漿液性出血性炎または壊疽性炎で、粘膜は暗赤色で肥厚し、経過の長いものでは腸壁の肥厚が著しく、ホース状となる。潰瘍（炭疽癰）は腸間膜の付着部にできやすい。それは大小不同かつ不整型で、底部は帯赤または灰白色を呈する」

人の炭疽

炭疽菌は人では皮膚の小さな傷、腸管粘膜および呼吸器粘膜を侵入門戸とし、それぞれ皮膚炭疽、腸炭疽、肺炭疽を起こす。

伝染病統計によると、国内での人の炭疽については第二次世界大戦後の一九四七年には一三例報告されていたが、その後次第に減少している。一九六五年に岩手県で密殺解体した肉を食べたことによって集団発生したことがある。一九七四年以降にはほとんど見られなくなり、一九八二年と一九八四年にそれぞれ一例ずつ、一九九二年と一九九四年にそれぞれ二例ずつの皮膚炭疽の報告があるのみである。また、死亡者は一九八三年の一人まで遡らなければならない。

国内の動物の炭疽

昭和の初期には毎年二〇〇～三〇〇頭前後の家畜に発生していた。最近では、家畜で二〇〇〇年七月一六日に宮崎県小林市で死亡した一頭の牛の感染が確認され、焼却処分された。家畜では九年ぶりの発生であった。

発生の経過は、七月一四日、肉用牛繁殖農家一戸（繁殖牛七頭、育成牛一頭、子牛五頭飼養）で成牛一頭が発熱、震え等の症状を示し、獣医師が加療したが死亡し、宮崎県都城家畜保健衛生所に病性鑑定依頼があった。七月一五日、同家保が死亡牛を検査したところ炭疽様細菌が確認され、同県宮崎家保に検査材料を送付して病性鑑定を進めたところ、一六日に炭疽の患畜と決定された。一六日以降、発生農場飼養牛は当分の間移動禁止、経過観察後ワクチン接種周辺農場飼養家畜の隔離指示、ワクチン接種の対策等が実施された。

病性鑑定実施から一両日で決定がなされていることから、かなりの早期迅速診断が行われている。現在、国内では牛や馬には無莢膜弱毒34F二株を用いた生ワクチンが使用されているが、人用は国内では開発されていない。

一九八二年、宜野座村

宜野座村は沖縄本島のちょうど真ん中に位置し、村の愛称はてんぶす村という。〝てんぶす〟は沖縄口で臍を意味する。

本島中部は養豚のメッカで宜野座村もその例にもれなかった。

当時、新参者であったわたしは二月二六日から農場の家畜の移動制限が解除される三月二三日まで、それこそ独楽鼠（こま）の如く働かされた。当時の北部家保のスタッフは所長以下家畜防疫員が離島駐在員を入れて一〇名であった。

二月二六日から三月一七日の間に延べ一六日にわたり家畜防疫員の立ち会いがなされ、検温、消毒、焼却等の措置がとられた。

全頭へのペニシリン注射

診断が確定した翌日の三月一日から二日にかけて農場の全飼養頭数四五八頭の豚に対して、予防措置としてベンジルペニシリンの注射（一五、〇〇〇単位／kg）がなされた。抱きかかえられるような子豚を除き、確実に注射するために一頭一頭すべてトンキーパーと称する豚用保定器で保定する。

本永らは分離株に対する薬剤感受性試験を行っているが、供試した三四薬剤についてはもともとグラム陽性菌に自然耐性のペプチド系の薬剤を除き、きわめて感受性が高く、耐性株は認められなかった。

緊急予防注射が全頭に接種されると今度は畜舎内の消毒に移る。炭疽菌は芽胞の状態では化学的殺菌剤には抵抗性が高く有効薬剤が限られている。ＷＨＯ（世界保健機関）では消毒薬としてホルムアルデヒド、次亜塩素酸ナトリウム、過酸化水素、グルタルアルデヒドおよび過酢酸を推奨している。

当時、畜舎の消毒に使用されたのは、次亜塩素酸ナトリウムであった。水溶性の消毒剤をタンクで溶かし床面、側溝、窓枠、天井などあらゆる箇所に高圧噴霧する。通路や土壌などは生石灰を撒く。

こうした防疫措置と平行して、「ひね豚」と称する発育不良豚を自衛的に殺処分した。記録書によると一四頭が処分されている。硝酸ストリキニーネで処分された豚は、建設業者が農場の敷地内に掘削した穴に次々と運び入れられた。深さは優に一〇ｍは超えていたと記憶している。

さらに、周辺農場への立入検査も実施されている。半径二㎞以内の全ての畜種の畜産農家六七戸、一一、七七八頭の健康検査が実施された。家畜伝染病予防法に基づく、発生報告および家畜等の移動禁止区域の指定は、Y養豚場を対象にして三月二日告示され、三月二三日に解除された。

抗生物質の服用

その間、わたしたち少数の最前線の家畜防疫員は万が一の感染に備え、抗生物質を服用しながら防疫活動に従事していた。役場の嘱託獣医師のZ氏がどこから調達したのか、カプセル剤を一週間分ほど分配してくれた。

現在のようなタイベック素材の防護服がない時代のことで、通常の白衣にカッパ、ディスポーザブルの手袋でマスクといったいでたちの装備だった。初動防疫が終了すると、残りの十何日はそれこそ毎日が消毒に次ぐ消毒で明け暮れた。次亜塩素酸ナトリウムも濃度が高くなると目に対する刺激性が出てくる。白衣は家保へ戻るとオートクレーブで滅菌する。一二一℃、三〇分の湿熱滅菌された白衣は二度と復元できないほどの強烈なしわくちゃアイロンが掛かってしまう。

一番往生したのは、シャワーが入れないことであった。当時は県内も水事情が悪く、しばしば時間制限の断水があった。その年も二月に入ると夜間には給水が完全に止まり、毎夜一〇時過ぎにしか帰宅できない身にはほとほと困った。しかし、まだしも発生が冬場であったのは不幸中の幸いであった。

感染源

豚の炭疽の発生は牛に比べてきわめて少なく、一九四九年以降、一九七八年までの三〇年間に兵庫、宮崎、群馬および広島県下で六頭、また一九七九年に石川県で発生した汚染土壌によると思われる症例を加えても一〇例に満たない。一九八〇年以降は沖縄県で一頭、三重県で一頭、愛知県で一頭、静岡県で二頭、計四県、五頭の発生が相次いだ。しかし、愛知県の一例を除いてはいずれもと畜場におけると畜検査において摘発されたものである。

沖縄県と静岡県の例では、生体検査所見では異常は認められなかったが、三重県の例は生体検査時に、起立不能、発熱、嘔吐、震顫（しんせん）などをみている（この個体は中毒症の病豚として搬入された）。

最終的にこの豚の炭疽は一頭の単独発生で終息した。感染源については発生農場の肥育豚に給与された血餅等の飼料の関与も考えられたがこれも推測の域を出なかった。

かくも短き不在

三月二三日に移動制限の解除がなされた。初め処女のごとく、終わりは脱兎のごとき一九八二年（昭和五六年）度が終了した。

後日譚になるが、ある事で発生農場の主人に感謝された。あの徹底した消毒のお陰でそれこそ暫くの間、呼吸器病が全く発生しなくなったと言われた。と畜検査でもその農場の出荷豚の肺は全くきれいな状態であったということが判明し、消毒効果の威力をまざまざと見せ付けられた事例でもあった。

悠々自適に年休消化を行使しようとしていた松田正勝防疫衛生課長は結局、炭疽事件のあおりで年度末ギリギリまで残務整理に追われ、碌な休みも取らないまま、ほうほうの態で定年退職した。

おりしも三月の末、ほうぼうで少しづつではあるがデイゴの花が真紅にほころび出した。

県花であるインド原産の高木落葉樹が若夏の澄みわたった空に映えてきた。

四月になれば（シングァチガナリバ）
梯梧の花咲きゆり（ディグヌハナサチユイ）
暗さある山も（クラサアルヤマン）
明くなゆさ（アカクナユサ）

詠み人しらず

昨年、その松田氏も鬼籍に入られた。

水戸黄門演じる東野英二郎然とした好好爺のあの豪放磊落（らいらく）な笑い声が、てんぶす村のかなたから今にも聞こえてきそうな気がする。

第四話

ロックジョーズ

LOCKJAWS

『ジョーズ　JAWS』
一九七五年　アメリカ
監督：スティーブン・スピルバーグ
キャスト：ロイ・シャイダー
ロバート・ショー
リチャード・ドレイファス

Ｒｏｃｋの街

「又吉さん、破傷風らしい山羊がいるんで、ちょっと鑑定してもらいたいんだが」

名護市にある北部家畜保健衛生所に二度目の勤務の頃、金武町役場の嘱託獣医師の奥間貞広先生から電話があった。

金武町は本島のほぼ中央部の通称東海岸側に位置している。

沖縄の海外移民発祥の地として、明治、大正、昭和戦前期を通じてハワイ、南米、フィリピン、南洋諸国などへ多くの移民を送り出してきた。戦前は農業、林業を主体とした農村地域であったが、第二次世界大戦後、キャンプ・ハンセン基地が建設された。

町の面積三七・七五平方キロメートルの約六〇％は米海兵隊の基地で占められている。そこには六、〇〇〇人の隊員が常駐配備され、県内最大規模の実弾射撃演習が繰り広げられている。

第二次世界大戦中、沖縄戦で戦死して名誉勲章を受章したデール・Ｍ・ハンセン二等兵にちなんで名付けられた「キャンプ・ハンセン」ゲート向かいの繁華街の一角に、沖縄ハードロックの女王といわれた喜屋武マリーのライブが聴ける「メデューサ」があった。

ベトナム戦争末期の七〇年代、沖縄市や金武町などの基地の街では明日果てるやも知れぬ命が「紫」、「コンディション・グリーン」やマリー率いる「メデューサ」をはじめとするロックバンドに酔いしれ、戦場へと向かい、そして逝ったマリンがそれこそ何千人もいただろう。

戦火への畏怖をやわらげてくれるライブハウスには、託すあてもない、若い米兵達のチップが毎夜ステージに飛びかかい、オーナーのトランクは足で踏んでも鍵が掛けられないほどドル紙幣で溢れていたという。

歴史家の高良倉吉氏は、当時の荒れた基地の街の雰囲気を、関係者の話からこう回顧する。〈あるハーフのロックミュージシャンは、パワフルなステージの合間に、「いや、ベトナム戦争の時は大変でしたよ。プレイの手を抜くと、ＧＩ連中はステージめがけてビール瓶を投げやがる。すさんだ雰囲気でした」と言った。そしてうまそうにビールを飲み干しながら、「ステージで演奏していると、明日はベトナム行きだという兵士はすぐわかるんです。店の片隅で、背中をまるめて静かに、浴びるように酒を飲んでいるんです。そんな奴らをみると、こちらも懸命に演奏し、送り出してやりたい、という気分になるもんです」と語っていた。〉

茫然佇立

おっとり刀で駆けつけてみると、キャンプ・ハンセンのフェンスのすぐ近く五、六頭飼育されている山羊のなかで、屋外に出されていた一頭が茫然佇立としている。

こちらが刺激を発しても反応はなく、こわばったように温和しく立っている。耳翼がやや立ち、尾が挙上している。破傷風の末期になると知覚過敏となって強直が激しくなるが、まだそこまではいってないようだ。

体温は平熱で、体表を触診すると臀部に小さな瘢痕が形成された古い傷口があった。おそらくこれが菌の侵入箇所だろうか。奥間先生と畜主の稟告を訊いても、人為的な原因は思いあたらず、自然になんらかの外傷があったものと考えられた。

奥間先生は臨床症状から破傷風として診断してもよかったはずであるが、畜主の手前もあり、家保のお墨付きの鑑定がほしかったのだろうか。ペニシリンGの治療は行われていた。これが今でも第一選択薬である。

わたしはあらためて三〇代とおぼしき畜主に、破傷風の疑いが強いこと、治療薬でもある抗毒素血清を打つにはもう手遅れであるし、経済的にもペイしないことを伝えた。さらに、最後は刺激の少ない屋内の静かな所で安静にさせたほうがよいと付け加えた。

名護の職場に戻る中途、懐かしい繁華街へ少し寄り道した。

デビューしたての家保の一年目、たまに来た「メデューサ」の辺りは昼下がりのけだるさが漂い、ところどころに、午後の日差しを避けるようにフィリピーノが地元の若い男やマリン達と嬌声を交わしている。バーやクラブのシャッターはまだ営業時間には早く、すべて閉じられていた。

繁華街の一角では、ネイティブの中学生がこの店が発祥であるとされるタコライスを買おうと「キングターコース」の前で短い列を作っていた。

わたしは「キングターコース」でチーズバーガーを買う時、いつも偶数個を買い、半分ずつ別の袋に入れて貰う。

そうでもしなければあまりのボリュームの多さで平衡を失って歩けなくなるからだ。

二日後、先生から山羊が死んだことを伝える電話があった。

或る芽胞の一生

破傷風菌 *Clostridium tetani* はグラム陽性の偏性嫌気性菌で芽胞を形成する。偏性嫌気性菌というのは、酸素のない環境でしか発育、生存できない細菌をいう。細菌のほとんどは通性嫌気性菌といって酸素があってもなくても増殖には影響ない菌に属している。例えば大腸菌やブドウ球菌の場合は、酸素があったほうが、発育はより旺盛だが、酸素の全くない条件下でも充分に発育する。また、酸素のある環境でしか増殖しない菌が偏性好気性菌であり、その代表が結核菌。

偏性嫌気性菌は好気的な環境では生活できないので、通常、熱や乾燥に抵抗性を示す芽胞の形態で土壌や動物の排泄物中などの環境に広く分布している。

芽胞も菌種によって抵抗性が異なっている。ボツリヌスA型菌の芽胞は一二一℃、四分で死滅するが、破傷風菌の芽胞は一二一℃、一五分の加熱でも生存する。

細菌は単細胞生物であるので高等生物のような高度の分化はできない。しかしながらある種の細菌は、その生育環境が菌にとって不利になると一種の分化を開始し、その環境で生き抜く。さらに時が過ぎて環境がその菌の生育に適した条件になると正常の細胞に戻って分裂する。

生育環境から炭素源、窒素源、リン酸イオンなど生存に不可欠な栄養が少なくなると、*Clostridium* 属や *Bacillus* 属などは芽胞（spore）と呼ばれる細胞の形態をとるようになる。染色体を凝集し、リボゾームと蛋白の一部を濃縮し、硬い皮膜でこれらを覆って生物活性を休止する。芽胞は一般的には乾燥、高温、凍結、化学物質および放射線に対してかなり耐性である。したがって芽胞形成能のある細菌は、周囲の環境が生存に不適当になると芽胞を形成して環境が発育に適するように改善されるまで耐えることができる。芽胞は乾燥状態で数百年生存できるといわれている。さらに医学的に重要なことは、芽胞は一〇〇℃、三〇分程度の加熱には耐えることおよび化学物質に対しては高度に耐性であるから通常の消毒、殺菌の方法では死滅しないことである。

破傷風菌の分布

破傷風菌は一八八九（明治二二）年、北里柴三郎によって初めて破傷風患者から分離、培養された。

土壌中の破傷風菌の分布に関する研究は、北里をはじめとして古くから行われ、寒冷地では破傷風菌の検出率は低いが、植物の生育に適した温暖地では一般に高いことが知られている。日本の破傷風研究の第一人者である海老沢功元東邦大学公衆衛生学教授の調査成績を以下に引用する。

畑、水田、民家の庭、道路などから集めた一六四検体の八二検体から破傷風菌を分離している。表層土からの破傷風菌分離の成績では、牧場よりも一般民家の庭や田畑の方が破傷風菌は容易に分離され、かつその濃度は高かった。また、意外にも表層五㎝以下の地下深部よりも地表の方が圧倒的に多いという結果が得られている。

学校および病院の土壌サンプル三七件中一一件（二九・七％）から破傷風菌を分離している。

また、人や動物の糞便からの破傷風菌の分離率では、人が二〇一検体、陽性率〇％、牛四・〇〜八・三％、子牛〇％、馬一・〇％、羊二五・〇％、犬二・〇％という成績がある。

沖縄での分離率

東海学園大学の小林とよ子教授らは、一九八八年一一月から一九八九年一二月にかけ沖縄本島および南西諸島（粟国島、宮古島、伊良部島、多良間島、石垣島、小浜島、西表島、波照間島）の一四四地区における砂糖キビ畑を中心に採取した土壌二九〇検体と精糖工程から抜き取り採取した五三検体についてボツリヌス菌と破傷風菌の分離を行った。

破傷風菌の分布は地域により偏りがみられ、沖縄本島では北部より南部の方が高率に検出された。南西諸島ではほとんどの土壌から検出され、特に伊良部島と多良間島では高率に検出されている。黒砂糖工場における調査では、多良間島、石垣島および小浜島の検体から検出された。しかし、最終製品の黒砂糖からは破傷風菌と毒素は検出されなかった。

牙関緊急の場合は

破傷風は国内において人では一九五〇年には報告患者数一、九一五人、死亡者数一、五五八人であり、致命率が高い（八一・四%）感染症であった。一九九一年以降、年間三〇〜五〇人程度で推移しているが致死率は二〇〜五〇%という。

世界では毎年一〇〇万人がこの菌の感染で生命を奪われている。八〇%以上が主としてアフリカを中心に出生時に臍帯が破傷風菌芽胞に汚染されたために起こる新生児破傷風である。

潜伏期間は二〜五〇日とされ、通常五〜一五日に集中している。潜伏期間が短いほど予後は不良とされている。

破傷風菌は芽胞の状態で傷口から侵入し、酸素のない環境下で発芽、栄養型となり増殖し、神経毒（テタノスパスミン）と溶血毒（テタノリジン）を産生する。菌自体は感染部位から広がることはないとされる。主要な働きをする神経毒は痙攣毒で、傷口の周辺部の末梢部神経細胞から脳や脊髄の中枢神経細胞に達し、運動抑制ニューロンに作用することで後弓反張（opisthotonus）という特徴的な強直性の全身痙攣を起こす。痙攣は通常五〜三〇分間隔で五〜一〇秒程度持続し、専門語では「牙関緊急」と称される。痙攣時の力は強烈で、脊椎や四肢の骨が骨折を起こすこともあるという。破傷風は英語ではふつう「lockjaw」という破傷風特有の筋肉の緊張で顎が固定されて開かない状態（開口障害）に陥る典型的な症状名で呼ばれている。潜伏期間と同様、初発症状から痙攣の発現までの時間をonset timeといい、この時間が短いほど重症とされる。

感受性動物

破傷風毒素に対しては馬がもっとも感受性が高く、牛、人、山羊、羊、兎、猿、豚、犬、猫の順に感受性がみられる。また、鳥類はほとんどが抵抗性があり、冷血動物には感受性はない。

馬の場合は北海道を中心として毎年一〇～二〇例の発生報告がある。牛は四〇例前後、雄子牛に多い。国内では雄の牛は一握りの種雄牛や闘牛などを除き、一〇〇％近い数字で子牛の頃に去勢される。子牛の去勢方法は種々あるが、最近では、陰嚢を特殊な輪ゴムで結紮する方法がよく採られている。この場合、獣医師の指示のもとで適切な処理でおこなわれていれば問題ないが、患部が消毒の不徹底や管理失宜で破傷風菌の芽胞に汚染された場合は、通常、一～三週間の潜伏期間の後に発症する例が多い。県内でも数年前にこの無血去勢が原因となってた子牛の症例が相継いだ事例があり、わたしも何例か鑑定に遭遇した。やはり特有の症状が顕れだした場合は、例え抗毒素血清を投与しても奏効しない例が多い。

牛は食欲廃絶、嚥下困難、復囲膨満、開張姿勢（木馬様姿勢）などの破傷風特有の症状を示す。原因としては去勢の他には断尾、角折り、鼻環装着や分娩後の発症が多い。

東京の破傷風の集団発生

戦争、災害以外には破傷風の集団発生はないが、一九八三年、東京都で奇妙な集団発生が起こった。

医療機関で包茎、精管結紮手術に続発して七名の破傷風が発生した。原因は医療器具の消毒と手術の助手を務めた医師の婦人がまったくの素人であったことに求められた。

診療所の入り口に捨ててあった子猫を彼女が自宅に持ち帰ったところ、前から飼っていた子持ちの親猫に拾った子猫がいじめられるので、それを段ボール箱に入れて毎日自宅と都内の診療所の間を往復していた。彼女は段ボール箱に排泄された子猫の糞便を素手で掴んで処理していた。

このようなことを毎日平然と行っていたので、どこかの時点で機械器具の消毒不全あるいは十分に洗浄消毒していない手で手術助手を務めたため、破傷風患者の多発に至ったと考えられた。

この事件では、死者が一名でも出たら刑事事件として摘発しようと警察は構えていたが七名全員助かったので、刑事事件にはならず、民事訴訟事件となり患者数人から損害賠償を求められた。

四種のハブ

十数年ほど前の話である。職場の御用始めの恒例行事があった。試験場の玄関横の琉球松を背景に毎年職員が集合写真を撮影し、これを元にして四つ切りのカレンダーを作製していた。

ある年の新春、いつものA女史の姿が見えなく、その日はとうとう連絡も来なかった。彼女を抜きにして残りの面々でいつも通り淡々と年中行事を終えた。その後、二、三日して女史が浮かぬ顔で出勤して来た。理由(わけ)を訊ねると、年末に北部の屋我地島にある別荘（廃屋みたいな代物らしいが）で庭を掃除している時に「ハブ」に噛まれたという事であった。われわれはしばし、彼女の身に突如降りかかった災厄について同情の念を禁じ得なかった。ある職員などは見舞金の手筈を直ぐにも整えようという矢先であった。

が、それも束の間。よくよく稟告してみるとハブはハブでもヒメハブであることが判明した。

それを境に、それまで彼女の一身に注がれていた憐憫（れんびん）は雲散霧消し、庶務課長は年休簿を早く書くように機械的に指示した。

沖縄には実は四種のハブがいる。「ハブ」、「ヒメハブ」、「サキシマハブ」、「タイワンハブ」である。復帰後、サキシマハブは原産地である八重山諸島から糸満市に持ち込まれ、タイワンハブは中国大陸や台湾から名護市に持ち込まれ定着している。一部地域では、これらの外来のハブ類の捕獲数が、もともと生息しているハブの約四倍にもなっている。

ヒメハブは奄美諸島と沖縄諸島に分布し、ハブのいない島でもヒメハブがいる場合がある（例えば伊是名島）。沖縄口（ウチナーグチ）でニーブヤー（寝坊者）といわれ、通常三〇～五〇㎝。幻の怪蛇ツチノコのようにずんぐりとして動きが鈍く、攻撃性は聖母マザー・テレサほども持ち合わせていない。沖縄では昔は一年間に五〇〇人以上の人がハブに咬まれていたが、現在では四種類合わせて一〇〇人以下に減少している。ヒメハブが一〇～二〇人程度。治療薬（抗毒素）や治療技術も向上しており、後遺症も残ることはなくほとんどの方が無事完治しているという。

女史によれば、パニック状態で名護市内の病院に駆けつけると、救急医療を担当した医師は恐怖で顔面蒼白の患者を横目に手慣れた職業的対応で臨んでいたという。

ヒメハブだと分かった医師は、ハブと違いヒメハブ専用の抗血清は存在しないことを伝えた。そしてなによりも破傷風のほうが心配だといって破傷風抗血清を処置したという。最後に医師は過去にヒメハブに噛まれて死んだ奇特な人はいない旨を付け加えるのを忘れなかった。

ジャズマンの後遺症

破傷風はあまりにもその極期に特有の症状を示すため、文学作品にも扱われている。古くは夏目漱石が序文を書いた長塚節の『土』や渡瀬恒彦と十朱幸代の主演で映画化された三木卓の中編小説『震える舌』がある。

後者は破傷風菌におかされた幼女と、それを取り巻く両親の凄絶な生への戦いをえがいている。朝、粥をすくったまま食べようとしない幼い娘を、二人の大人がじっと見つめる。開巻の病気の予兆のシーンから全編が破傷風のもつ災厄を語っている。

ここではわたしの敬愛するジャズピアニスト山下洋輔の抱腹絶倒請け合いである『ピアニストに御用心！』（新潮文庫）から著者の破傷風体験をみることにしよう。

〈翌日、日田駅から小倉へ。途中、後藤寺駅を通る。小学生の時三年間を過した町だ。ボタ山も香春岳（かわらだけ）も形が変わってしまった。

この町にいるとき、ある日自転車もろともガケから落ち、ケガをし、傷口からバイキンが入って、破傷風（はしょうふう）という生還率わずか一〇～二〇パーセントという怪病にかかっった。幸い子供だったので、反り返る背骨を大人三人が押さえつけ、うつ向けにまげ、そうやってできた脊髄（せきずい）の隙間に注射針を差し込んで血清を送り込み、助かった。大人だと、逆エビ状に反り返ってアバレるその力は物凄（ものすご）く、大人三人でも手に負えず、針は折れ、助からないそうだ。色々と病気の話はあるが、まだ破傷風をやって生還したという奴には会ったことがない。一度会って、心ゆくまで共通の体験を語り会いたいものだ。そいつが後遺症として、やはりドンバになっているのかどうかも知りたい。〉

第五話

青春の蘇鉄

『青春の蹉跌』
一九七四年　東宝
原作：石川達三
監督：神代辰巳
キャスト：萩原健一
桃井かおり
森本レオ

表彰式

一九七九年五月一一日、東京都千代田区大手町の農協ホールの壇上には、頬を紅潮した玉城尚武（たまきなおたけ）北部家畜保健衛生所技師（現中央家畜保健衛生所所長）がいた。

前日から関係者約八〇〇人が参加し見守る中、第二〇回全国家畜保健衛生業績発表会の表彰式が挙行されている。

沖縄県北部家畜保健衛生所の「放牧牛に多発する後躯運動障害（仮称牛の腰ふら病）の原因調査について」が第Ⅱ部の最優秀演題（一題）に輝いた。

第Ⅰ部の最優秀演題「家畜飼養衛生環境改善特別指導事業の基礎とすすめ」長野県飯田家保伊東光氏の隣でともに全国七〇〇題以上の演題の中から、その頂点に立った嬉しさをかみしめていた。一九七二年五月一五日の日本復帰後、家畜保健衛生所法に基づき、全国の家畜保健衛生所の一員に組み込まれ七年目にしての初の快挙であった。

審査講評では、沖縄県の多数の肉用牛振興地域で発生がみられたこと。県内の各機関を横断し長期的に原因究明を果たしたこと。さらに国内で初めての腰ふら病の牛の衝撃的な映像が八ミリフィルムで映写され、これまでスライドが中心の発表会に新機軸を打ち出したのが評価された。

全国家畜保健衛生業績発表会

家畜保健衛生業績発表会は、第Ⅰ部（家畜保健衛生所の運営および家畜保健衛生の企画推進に関する業務について）と第Ⅱ部（家畜保健衛生所および病性鑑定施設における家畜保健衛生に関する試験、研究、調査成績について）の二部に区分されている。各都道府県の発表会が例年一一月から一二月に開催され、その中の優秀演題三題が全国六ブロックの発表会に移される。各ブロックで都道府県代表の演題一題が絞り込まれ、年明けの春に東京都での全国家畜保健衛生業績発表会で二日にわたり四七演題が一斉に発表される。

審査は審査委員長を務める動物衛生研究所をはじめ動物医薬品検査所、畜産試験場、農林水産省畜水産安全管理課、動物衛生課などで構成される審査委員が行う。

島ちゃび

一九七四年一一月、沖縄本島北部の本部半島から北へ約四〇㎞に位置する沖縄県最北端の有人島である伊平屋（いへや）島に村営牧場が開牧した。

伊平屋島は北東から南西方向へ延びる島の約六割を標高二〇〇～三〇〇ｍの急峻な山地が占める細長い島である。島の北端には、一面クバ（ビロウの方言名）の木で覆われた原生林である県指定天然記念物の久葉山やタンナ岳、後岳（くし）、アサ岳などの山々が三〇～四〇度の傾斜面を有する連山として発達する。

高い山の頂上には沖縄県最北端の無人灯台があり、沖縄本島辺戸崎、鹿児島県与論島、沖永良部島が眺望できる。

村営牧場は一九七二年以降、五カ年計画の団体営草地開発整備事業で造成された。六〇ヘクタールの急峻な傾斜地（傾斜二〇～四〇度、標高三〇～五〇m）で、五牧区に分かち周年輪間制により六〇頭の牛を放牧する。

「島ちゃび」と呼ばれる離島苦のハンディを克服し、今後の肉用牛の振興に期待を掛けたプロジェクトであった。

苛酷な条件の山中に開拓、整備された開牧式に参列した村長、村会議長、農協組合長らはやがて忍びよる奇病によって数年後には閉牧を余儀なくすることになるとは及びもつかなかった。

後躯麻痺による起立不能牛

腰ふらの牛

開牧から約半年後、一九七五年五月頃から放牧牛（黒毛和種）に異変が認められた。背中を丸め、腰をふらつかせて歩き出す牛が目につき始めた。人が追うと歩様蹌踉となり、後肢は蹄冠（蹄の一番上の柔らかい部分）の上部を地面に引きずって歩くようになった。重症な牛は後躯麻痺、尿失禁を呈し、起立不能に陥った。元気はやや減退するものの体温、食欲、反芻には特に異常は認められなかった。また、山頂より下山の際、転倒して角や頸を折ったり、打撲傷などが原因で間接的に死亡する牛も現れた。回復しても後遺症として多くが角の変形、脱角が見られた。飼育頭数六一頭中三三頭が発症した。罹患牛の産地は二一頭が県外からの導入牛で一二頭が県内で生産された牛であった。

一九七七年、伊平屋島から約四・五㎞南に位置している伊是名（いぜな）島でも同じような症状を示すような牛がみつかった。伊是名村は中心の伊是名島の他、無人島である屋那覇島、具志川島、屋ノ下島、降神（おろがみ）島の五島から成り立っている。伊是名島の勢理客区に本拠を置く東洋牧場が橋で結ばれている屋ノ下島に牛を放牧した。三月に屋の下島に移動して数ヶ月、六月頃からここでも背中を丸め、腰の麻痺を感じさせるような蹌踉状態の牛が確認された。

いずれも、屋内で飼われている舎飼牛には全く発生がなかった。放牧牛でも全く発生のない放牧場もあった。なにが、違うのだろう？

奇病の原因は

家畜衛生試験場、家畜保健衛生所、県畜産課などの畜産技術者は、合同で現地の状況を調査し、採取した各種資料もつぶさに検討した。

原因については、伝染病、寄生虫病、中毒、代謝障害等、疑われるものすべてについて侃々（かんかん）諤々（がくがく）の議論があった。

そして、この島からはるか南端である八重山諸島でも発生が確認されたことにより、少しずつではあるが、原因の核心に迫りつつあった。

八重山諸島の腰ふら病

石垣島、I牧場でも一九七六年、四牧区を一ヵ月間隔で輪牧している牧場で同じような症状がみられていた。三月に第一牧区から第二牧区に牛を移動させたところ、四月に本病が発生した。五〇頭飼育のうち四頭が発症した。この放牧場においては、第二牧区だけにソテツが自生し、採食されている事実が確認された。

国内最西端の島、与那国島でも一九七七年五月、放牧場に移動直後の五月と六月に三頭中三頭に本病がみられている。そしてその後、発生牧場からすべての牛を下牧させると発生は認められなかった。この放牧場でもやはりソテツが採食されているのが確認された。

伊是名島の調査

一九七八年六月、二〇代最後の年、無聊（ぶりょう）をかこっていた北部家畜保健衛生所の技師の玉城尚武は所長から呼ばれた。六月に入り、伊是名島で腰ふら病が発生している連絡があり、その調査を命じられた。同行するのは沖縄県家畜衛生試験場で病理担当の又吉栄忠主任研究員。それに伊是名島の駐在獣医師の伊礼幸徳主任技師が現地で対応する。

伊是名島は一五世紀の琉球の第二王統の始祖である尚円王の生誕の地として知られ、直径約五㎞、周囲一六㎞のほぼ円形の島である。集落の一部は琉球赤瓦の民家やテーブル珊瑚を重ねた石垣が現存し、昔ながらの景観を残している。

当時、島で唯一の大規模牧場が放牧形態を中心にした東洋牧場であった。

調査は六月二一日から二三日にかけて行われた。調査地は周囲約二km の屋ノ下島の放牧場である。

屋ノ下島は約一八・二ヘクタールの草地面積にホルスタイン種二〇頭と黒毛和種一八頭が放牧されていた。草地の早種はローズグラス、チガヤ、カヤ、ナダチを中心にして、二牧区の輪換放牧の放牧形態であった。輪換放牧とは、放牧地をいくつかの牧区に区分し、家畜を一つの牧区で一〇日から二〇日間放牧した後、家畜を次の牧区に移動させて放牧する方法である。

牧区の管理状況は、粗飼料は十分にあり、個体の栄養状態も普通から良好の範囲にあった。

ソテツは放牧場の所々に生えており、前年に腰ふら病が発生した時、ショベルカーでソテツを除去したが、不完全であったため、その年は逆に新芽が多く出てきたことがわかった。ソテツは新芽だけが採食され、葉の部分は採食されていないかった。また、木の下に生えているソテツの新芽が採食されていることが多く、木陰で休憩時に食されていることが考えられた。

そして、以下のことがわかった。

異常牛は六頭確認されたが、すべてがホルスタイン種であった。月齢の高いものに発生する傾向にあった。前年も六月に発生しており、ソテツの新芽の時期と一致する。入牧後、二～三カ月後に発症する個体がほとんどである。つまり、すぐには発症せず、ある程度の放牧期間を経て発症することがわかった。

研究テーマへ

伊平屋島、伊是名島、八重山諸島（石垣島、黒島、与那国島）、水納（みんな）島（宮古郡）の牛の腰ふら病の疫学調査が進展するうちに、原因は放牧地の草が少なくなる時期に、ソテツの新芽を採食することで発生することがほぼ確実になった。

そこで琉球大学から東京大学へ家畜のソテツ中毒に関する文献を調べて頂いた。その結果、オーストラリア、パプアニューギニアまたはドミニカ共和国、プエルトリコ、メキシコなどの中米で牛での発生が報告されていることが判明した。

家衛試では当時、ソテツ中毒の解明に東奔西走した第一研究室の病理担当の又吉栄忠主任研究員（現牧港ペットクリニック院長）を中心に病性鑑定が行われた。その後、生化学担当に着任した天久（あめく）勇市主任研究員が病態の解明と発症機序の研究に就いた（後に病理担当は花城康清主任研究員、千葉好夫研究員へと代わる）。

ソテツが自生する牧野風景

ソテツの毒性

ソテツ *Cycas revoluta* Thumb はソテツ科の裸子植物で、国内では九州南端から奄美、沖縄の南西諸島に自生する。

樹高は二〜八ｍに達する雌雄異株の常緑低木である。根に根粒があり、藍藻類を共生させており、それが窒素固定能をもつため、不毛地でも生育可能である。蘇鉄という名前は、弱った株に釘を打ち込むと元気になったことに由来し、別名は鉄樹ともいう。英名のJapnese sago palm のとおり種子や幹の髄にはサゴ澱粉質が豊富なため、昔は布地用糊としても使用されたという。

ソテツの有毒成分はサイカシン cycasin というアゾオキシ配糖体である。サイカシンは大腸菌などの腸内細菌が産生するβ-グルコシダーゼの作用でグルコシド結合が切断されて発ガン物質メチルアゾキシメタノールが遊離する。メチルアゾキシメタノールはホルムアルデヒドに変化し、中毒を起こす。

世界の家畜のソテツ中毒

ソテツの毒性については、Whiting のすぐれた総説があり、人の中毒、有毒成分の化学的研究を含め、一九六〇年代までの文献が網羅されている。

オーストラリアでの最初の報告は、一八七九年〜一八八四にニューサウスウエルス州で二〇〇頭の家畜が失われている。その後の散発例を経て、一九〇〇年には九〇〇頭のうち四〇〇頭が斃死し、一九三〇年にはピークに達している。いずれもソテツの葉ないし新芽を採食したためとみられ、急性の胃腸障害と後軀麻痺が観察されている。緬羊が完熟種子を採食し、六、〇〇〇頭のうち二、二〇〇頭が斃死した記録がある。

オーストラリアの Hall らは数種のソテツ葉を条件を変えて一三頭の牛に給与したところ、二頭が肝障害をきたして死亡し、四頭が運動障害を発現している。死亡牛の肝臓には小葉間結合組織の増殖をみたが、脳および脊髄には運動障害牛も含めて変状は認められなかった。

Hopper らは運動障害を発現させた二頭の牛の脊髄神経に spheroid body の出現を認め、ソテツ中毒の特徴としている。

野外発症例の病理解剖所見

一九七五年五月の伊平屋島での初発生以来、一九八二までに一一六頭の牛が後軀運動障害を主徴とするソテツ中毒になり、そのうち二九頭が死亡したとされる。

これまでの又吉栄忠らが行った野外での発症牛六頭の病理学検査の特徴は以下のとおりであった。解剖所見は脊髄および座骨神経起始部の出血、水腫、膠様変性を認めた以外は他の腫瘍臓器には著変は認められなかった。組織学的には脊髄の灰白質に限局性の出血と神経細胞の変性、軸索の膨化を認め、座骨神経に軽度の水腫様変性を認めた。大腿二頭筋および背最長筋の筋線維間に出血、硝子様変性、細胞浸潤、結合組織の増生があり、筋線維の壊死、融解像が認められた。

さらに実験牛にソテツの葉を日量三〇〇 g（一 g／kg）を連続投与すると、投与二〇日後に急性の中毒症状で死亡した。実験牛№.二にソテツ新芽を日量二〇〇 gを連続投与すると一五日後から軽度の後軀運動障害が発現し、二七日後に死亡した。

ソテツ給与試験

天久主任研究員は一〇ヵ月齢から二四ヵ月齢（体重二三〇～四〇〇kg）のホルスタイン種の去勢牛五頭を用いてソテツ葉の給与試験を行った。

実験牛No.一は一〇ヵ月齢、体重二三〇kg。ソテツ若葉を一日一回三日間で二四七・五kg、体重比にして約一・七g／kgを給与した。No.二は一〇ヵ月齢、体重二五〇kg。若葉を一回で四一五g、体重比にして約一・七g／kg給与。No.三は一一ヵ月齢、体重二六〇kg。成葉を二回に分け、一回目は三八七g、体重比にして約一・五g／kg、二回目は一五日後に五〇〇g、体重比にして約一・九g／kgを給与。No.四は一一ヵ月齢、体重二五〇kg。成葉五四四g、体重比にして約二・二g／kgを一回で給与。No.五は二四ヵ月齢、体重四〇〇kg。成葉を一回目は七三二g、体重比にして一・八g／kg、二回目は五日後に一、二六〇g、体重比にして約三・二g／kgを給与。

試験牛の臨床症状

No.一は給与二日後より元気減退し、動作が緩慢となる。四日後より鼻漏および流涎がみられ、呼吸速迫し後肢蹄先を地面にこすって歩く。五日目より後肢を交差させ歩行時に左右飛節をぶっつけ、後肢を左右に振る等後肢運動障害を呈し、また一一日目～一七日目には下痢がみられた。

No.二は翌日より元気減退および動作緩慢となり、二日目より後軀運動障害を呈した。一一日目より眼球混濁し、歯根に斑状出血がみられ草の茎などの硬いものの咀嚼が困難となる。一四日目より歩行を忌避し、一箇所に佇立、二一日目に死亡した。

No.三は翌日より元気なく動作緩慢となり、二日目より後肢蹄先を引きずるようであるが著明ではなかった。一五日目に追加給与したところ、追加給与後一六日目～二五日目まで下痢がみられ著しく削痩したが、運動障害の著変はみられなかった。本牛は軽症例として五〇日目に剖検した。

No.四は翌日より元気減退し動作緩慢となり、二日目より後肢の交差および後軀の動揺がみられた。一五日目より後肢はX脚となり、歩行時に左右の飛節をぶつけ後軀運動障害は著明となる。一五日～二一日目咀嚼困難を来たし、草の茎などの硬いものは採食できず残餌した。三〇日頃より元気はやや回復したが、著しく削痩し、著明な後軀運動障害は継続していた。本牛は重症例として五〇日目に剖検した。

No.五は三日後より元気減退し、動作緩慢および頻尿を呈したが運動障害はみられなかった。五日目に成葉を多量に追加給与したところ、追加給与後一一日目より後軀動揺し後肢蹄先を地面にこすって歩く等後軀運動障害を呈した。二一日目咀嚼困難となり、食欲なく水を多飲する。二五日目より第一胃膨大して反芻停止し、食欲廃絶、二八日目より悪臭下痢がみられた。三二日目より歩行により呼吸速迫し運動を忌避して一箇所に佇立した。一回目の給与後四〇日目に死亡した。

ソテツ葉の牛に対する毒力は、成葉よりも若葉の方が強く、若葉は一・一g／kgの給与で後軀運動障害を発現させたが、成葉では二・二一g／kgを要した。また若葉一・七g／kgの給与で急性中毒を起こし死亡させたが、成葉は一・八g／kgの給与では後軀運動障害も発現せず、三・二

g／kgの追加試験で後騙運動障害を起こし、死亡させることができた。

これについては、成葉よりも若葉の方がサイカシンの量が高いためと考えられた。

実験牛の病理学的所見

前述のNo.二〜五の牛の病理解剖および組織学的所見は以下のとおりであった。

すべての牛の肝臓は硬度を増し、組織学的にはクッパー細胞活性化、肝細胞の壊死、線維芽細胞の増生がみられ器質化がみられた。死亡牛では出血および小葉間結合組織の肥厚が著明であった。これらの所見は急性肝障害をきたした後に慢性および肝硬変に移行していることが推察された。

心臓の病変は肉眼的に三頭の心外膜に著明な出血があり、組織学的には死亡牛二頭の心外膜下に著明な出血がみられた。これは心臓病変が死亡の直接の原因と考えられた。

神経系においても出血病変が特徴的であった。肉眼的には脊髄には変状は認められないが、脊髄から分岐する座骨神経起始部の著明な出血が三頭にみられ、死亡牛においては脛骨神経および総腓骨神経までおよんだ。脊髄は部分的脱髄を主体とする軸索（神経細胞の一種で情報を送り出す役割をする突起）の膨化、空胞形成があった。

座骨神経は後肢末端まで達し、後肢に分布する神経の根幹をなすことから、この神経起始部の出血は重要であり、後騙運動障害をきたす原因と考えられた。

鹿児島大学グループの参画

牛のソテツ中毒については、同じ島嶼県に属し、鹿児島の離島でも発生が確認されたということもあって、鹿児島大学農学部のグループも関心を示した。生物化学及び栄養化学研究室の小林昭教授、家畜病理学研究室の河野猪三郎教授、安田宣紘助手（現教授）などの教官が一九七九年一月以降数回来沖して、家衛試、家保、畜産試験場と共同で現地調査を行っている。

ソテツ中毒の発生状況、生物化学および病理学的研究の諸成績は鹿児島大学農学部学術報告に数編にわたり詳細に記載されている。このなかで興味をひくのは、安田助教授は牛にソテツ葉を採食させ、実験的にソテツ中毒を再現させている（一九八五年）が、その後に行われたサイカシンを投与した実験である（一九八七年）。

五カ月齢のホルスタイン種と一二カ月齢の黒毛和種の計二頭の牛にサイカシン二一・五mg／kg～五mg／kgを継続的に経口投与し、臨床的、血液学的、血液生化学的、病理学的検査を行った。二頭とも元気、食欲の減退あるいは消失がみられ、増体重の低下や減少を認めた。また、臨床的に著明な肝機能障害を示した。しかし、ソテツ中毒にみられるような中枢神経系の障害に起因すると思われる後駆運動障害はまったく認められていない。

これまでも、サイカシンに関する多くの報告でも、肝臓毒性や発癌性は明らかにされているが、神経毒性についてては否定的なものが多かった。

グアム島チャモロ族

二〇〇二年三月二六日号『Neurology』誌に次のような論文が掲載された。

一九四〇年から一九六五年の間、グアム島チャモロ族における筋萎縮側索硬化症―パーキンソン痴呆合併症（ALS／PDC）の発症率は世界の五〇～一〇〇倍に達し、チャモロ族の死亡原因のトップであった。原因は彼らが島に棲息するマリアナオオコウモリ flyingfox bat を食べる習慣と関連するという仮説を、ハワイ州 Kalaheo にある National Tropical Botanical Garden Institute の Paul Alan Cox らの研究チームが明らかにした。

チャモロ族は特別の行事のために大好物であるココナッツ・ミルクでボイルされたコウモリを食べる習慣がある。コウモリは毎晩自分の体重の二倍のソテツの実を食べるが、ソテツの実にはアミノ酸の一種であるβメチルアミノ-L-アラニン（BMAA）という神経毒が微量含まれている。食物連鎖によりこの毒素がコウモリの体内（皮膚組織）に高濃度に蓄積された結果が原因であるとしている。

チャモロ族のALS／PDCは、ピーク時点で人口一〇万人あたりおよそ四〇〇名であったが、コウモリが減少した現在では、一〇万人あたりおよそ二二名まで減少している。

Cox によれば、これは第二次世界大戦後、乱獲が繰り返された結果、一九七〇年代半ばまでにコウモリがほぼ全滅した結果によるものと推定している。その後、グアム島はサモアからコウモリを輸入し始めたが、サモアにはソテツは自生していないという。

第六話

怒りの葡萄球菌

『怒りの葡萄　The Grapes of Wrath』
一九四〇年　アメリカ
原作：ジョン・スタインベック
監督：ジョン・フォード
キャスト：ヘンリー・フォンダ
ジェーン・ダーウェル
ジョン・キャラダイン

開廷

初秋のきざしこそ感じられたが、まだ残暑が色濃く室内にこもっている那覇地方裁判所二〇三法廷に裁判長の声が低くしかし確実に響いた。

「ただ今から被告菌、黄色ブドウ球菌の裁判を始めます。被告菌は前に出て下さい」

「はい」証言台の前へ移動する。

「被告菌、名前、住所および職業を述べなさい」

「黄色ブドウ球菌です。学名は *Staphylococcus aureus* と綴ります。住所は不定、職業は無職です」

「では、被告菌はうしろにかけなさい」

人定質問を終えた裁判長は軽く咳払い(せきばらい)をすると、検察官席に向かって、

「では、検察側から起訴内容を述べて下さい」

起訴状朗読

声を掛けられた具志堅勝男検事はおもむろに立ち上がり、起訴状を読み始めた。

控訴事実に差し掛かった。

「被告菌、黄色ブドウ球菌の容疑は以下のとおりであります。

第一、被告菌は、平成一八年三月一三日午前六時四二分ころ、糸満市嘉手苅(かでかる)酪農場において、

同農場所有牛マウントヒル・ウインチェスター・モニカ（当時五歳）の乳房近隣の表皮に棲息し、搾乳者の手指およびミルカー等を介して乳頭口から上行性に乳房内に侵入し、複数回にわたり悪意をもってその免疫機能を攪乱せしめ、定着、増殖して乳管系や乳腺組織の炎症である「乳房炎」を惹起せしめ、加療一週間を要する傷害を、

第二、平成一八年四月二七日午後二時一八分ころ、うるま市謝名堂ファームにおいて、皮膚の常在細菌叢として棲息し、子豚（名称不詳）に対して、被告菌の近縁種である *Staphylococcus hyicus* と共謀のうえ、故意をもって加療三週間を要する「滲出性表皮炎」の傷害を、

第三、平成一八年六月二九日午前一一時三九分ころ、恩納（おんな）村志堅原（しけんばる）ブロイラー団地4号鶏舎において、四六日齢鶏群（ロット番号、二六三九二）対して、周到な計画性をもって、「ブドウ球菌症」を惹起させ、一四一羽の鶏を殺害し、

第四、平成一八年七月一六日午後六時三三分ころ、南風原（はえばる）町仲村直子宅において、同人所有犬コワルスキー（コッカー・スパニエル種当時三歳）に対し、故意をもって外耳道炎から難治性の内耳炎をもたらし、蝸牛神経をおかしたうえ入院加療二カ月の難聴の傷害を負わせたものである。

被告菌の陳述

「被告菌は起訴状に対して、なにか言うことはありませんか」

裁判長は語りかけるように述べた。

刑事訴訟法第二九一条第二項では「裁判長は、起訴状の朗読が終つた後、被告人に対し、終始沈黙し、又は個々の質問に対し陳述を拒むことができる旨その他裁判所の規則で定める被告人の権利を保護するため必要な事項を告げた上、被告人及び弁護人に対し、被告事件について陳述する機会を与えなければならない」とあり、黙秘権の告知がなされる。

「被告菌はこれから、質問に対し答えたくなければ、答えなくてもいいのです。ここで言うことは、不利なことも有利なことも、証拠として採用されるから気をつけるように」

起訴状に述べられている訴因に対して、被告人が自分が有罪と思うか、無罪と思うかという、いわゆる罪状認否に関するもので、裁判の冒頭手続の中で、起訴状朗読に次いで重要な段階なのである。

罪状認否

「わたしが乳房の周辺に棲息していたのは、事実で間違いありません。たしか、曾祖父の代からその酪農家には住んでいたと聞かされています。でも乳房炎になったのはわたしだけのせいではないと思います。嘉手苅さんのところでは、飼養環境もあまりよくありませんでした。搾乳前に手指の消毒や前絞り後の乳頭の清拭をやるように指導されているのに、ときどき怠けているようです。また、搾乳器具であるミルカーの管理や点検整備を熱心にやっているようには思えないし、搾乳後の乳頭浸漬（ディッピング）も杜撰（ずさん）なところがあります。

また、子豚のスス病は *hyicus* 君が独りで行ったものです。確かにその養豚場にもいた時期もありますが、これはあくまで正常細菌叢の一種として他の菌と棲息していたものです。

鶏の件に関しては、起訴状の内容とは全く違います。あれは株の異なる仲間の黄色ブドウ球菌が行った行為です。ただし、仲間が世界各地の養鶏産業に経済的被害を与えてきたのは事実で、一属としても悪いことをしたと思っています。これについては謝りたいと思います。

コワルスキーについては、結果的にわたしの産生する毒素が原因で外耳炎が悪化したと思います。ただ、やはり飼い主も犬の管理が充分ではなかったと思います。わたしが棲みついてからも一度も耳の掃除をやっているのをみたことはありません」

冒頭陳述

開廷から約四〇分を経過していた。

「では、これから証拠調べに入ります。検察官、冒頭陳述を」

証拠調べ手続きは、検察官側の立証と被告人側の立証に分かれる。最初に検察官側から立証が行われる。

刑事事件においては、「疑わしきは被告人の利益に」の原則が前提にあるから、まず、検察官が証拠によって公訴事実を合理的な疑いのない程度にまで立証しなければならない。

検察官は冒頭陳述を行い、証拠によって証明しようとする事実を明らかにした後、個々の証拠の取り調べを請求する。裁判所は被告人側の意見を聞いた上で、検察官から取調べを請求した証拠を採用するか却下するかを決定し、その上で採用した証拠を取調べる。証拠には書証（証拠書類）、物証（証拠物）、人証（証人等）三種類がある。

検察官から延々と冒頭陳述が述べられた。通常、冒頭陳述は被告人の身上、経歴から始まり、起訴状に示された公訴事実について、犯行にいたる経緯、犯罪の実行内容を詳細に述べていく。

今回、検察官の冒頭陳述のうち被告菌の経歴は以下に要約された。

一・被告菌の経歴

被告菌の家系の歴史は古く、一八七八年、ロベルト・コッホによって初めて膿汁中で鏡検され、一八八〇年、ルイ・パストゥールによって液体培養に成功し、一八八一年英国のアレキサンダー・オグストン卿はこの菌が患者の膿瘍中に見られることを明らかにした。さらにマウス、モルモットに対する病原性を確認し、本菌に一般名として *Staphylococcus* と命名した。*staphyle* はブドウの房、coccus は粒、円い実の意。さらにドイツのローゼンバッハは菌の純粋培養に成功し（一八八四年）、黄色ブドウ球菌と命名したことなどが説明された。

被告菌の家系のところで、コッホやパストゥールなどの近代細菌学の鼻祖に話がおよぶと、傍聴席では琉球大学農学部の生物生産学科の学生らしき若者がしきりとメモに筆を走らせた。

証拠申請書

証拠は「証拠申請書」に記載して正本を裁判官に、副本を弁護人に渡す。証拠申請書は証拠の標目（証拠の名称）と立証趣旨（証拠と証明すべき事実との関係）が記載されており、それぞれに証拠番号がつけられている。

検察官側の証拠申請書には証人として以下の名前が記載されていた。

畜主から往診を依頼され乳房炎と診断した沖縄県農業共済組合連合会、家畜診療所長の與那覇昌功。

乳房炎の原因菌検索を依頼され病性鑑定を実施した、前県中央家畜保健衛生所の主任技師の座喜味聡。

弁護人の仲村渠盛祐は家畜診療所長の証人は最初は拒否するつもりであった。共済獣医師は日頃から乳房炎がいかに酪農家に甚大な経済的被害をもたらしているか把握しているし、その証言は被告菌には不利になるおそれがあった。しかし、被告菌が罪状認否で主張したように、酪農家によっては日常の衛生管理が悪く、必ずしも乳房炎が菌側の条件のみで発生するわけではない。そのことを証人への反対尋問で立証できる自信もあった。これは賭であるが、あえて火中の栗を拾うことをしなければならないと考えた。

家畜保健衛生所の証人はむしろ、ある意味で歓迎すべきところであった。乳房炎の原因菌は多様な菌種で占められ、被告菌だけが主要な菌でないことは自明であった。これまでのデータからも充分裏付けが得られるし、反対尋問でそれを証明する自信もあった。

「検察官の証拠申請に対する弁護人のご意見はいかがでしょうか？」

「証書および物証につきまして、すべて同意します。証人申請についても異議はありません」

裁判長に証拠申請書に記載されている証人にはすべて同意する旨伝えた。

打ち合わせの結果、第二回公判は三週間後に決まった。

検察側の証人①

第二回の公判は一〇月一九日に行われた。

検察側の証人①
「では、検察官、最初の証人をお願いします」

「はい、今回の事件で被害家畜の診察を行った、中央家畜診療所長の與那覇昌功氏を証人として申請します」

「與那覇さん証言台の方へお願いします」

「名前は何と言いますか？」

「與那覇昌功です」

「生年月日は？」

「昭和三〇年一一月一二日生まれです」

「職業は？」

「団体職員で獣医師です」

「住所は？」

「浦添市伊祖〇—〇—〇です」

「これからあなたを証人としてお聞きすることになりますが、その前に嘘を言わないという宣誓をしていただきます。宣誓をして嘘の証言をしますと、偽証罪で罰せられることがありますので注意してください。では、宣誓書を朗読して下さい」

「宣誓。良心に従って真実を述べ、何事も隠さず、偽りを述べないことを誓います。與那覇昌功」

「着席して下さい。では検察官、始めて下さい」

「証人は獣医師ですね？」

「はい」

「獣医師としての経歴を述べて下さい」

「酪農学園大学獣医学部を卒業し、沖縄県農業共済組合連合会に獣医師として採用され、その後現在まで奉職しています」

「本件への関与について話して下さい」

「平成一八年三月一五日午後二時四〇分に嘉手苅聡氏所有の患畜の初診を行いました」

「その時、患畜はどういう状態でしたか？」

「体温は三九・一℃、食欲はやや不振だったと言えると思います。左後部乳房に熱感と腫脹が認められました」

「その時はどういう処置を行ったのですか」

「乳房炎に対する一般的治療です。つまり、……あっ、言い忘れましたが、治療前に家畜保健衛生所へ病性鑑定として菌の検査をするため乳汁を採取しました」

「家畜保健衛生所へ病性鑑定を依頼することはよくあることですか？」

「いいえ、乳房炎の原因菌を調べることで依頼することはあまりありません。ふつう簡単な培養検査なら診療所でも常時やっていますし、結果も自分たちで直接確かめられますから」

「今回、家畜保健衛生所へ依頼したのは何か理由があるわけですか？」

「えぇ、臨床的に言いますと、大腸菌やクレブシエラ菌が関与するような壊疽性乳房炎などの甚急性で重篤な症状は認められませんでした。ただ……」

「詳しく説明して下さい」

「これは臨床家の長年の勘とでも言いますか、つまり、環境性の乳房炎であるレンサ球菌が関与するようなタイプでもないと思いました。かといってマイコプラズマ性乳房炎のように集団で発生しているわけではありませんでした。えぇ、つまりある菌だとまずいと思いましたから乳汁のサンプリングをしておきました」

「どういうことですか？　遠慮なく述べて結構です」

「はい、ブ菌、つまり黄色ブドウ球菌が分離されるとなかなか大変だなと思いました」

「それは、どの様な点で大変なのですか？」

検察官は與那覇所長が自分の予期する以上に証言を続けていることに満足していた。

「ええ、黄色ブドウ球菌だとわれわれは、原則的に畜主にその保菌している個体を淘汰するよう指導しています。高泌乳能力の個体でそれが無理な場合は、隔離飼育し、感染牛は必ず最後に搾乳するよう訴えてきました。黄色ブドウ球菌性乳房炎は臨床的には甚急性、急性、慢性、潜在性などに大きく区分されますが、甚急性の発生は稀です。今回のケースはどちらかといえば急性と慢性の中間にあたる亜急性型になるかと思います。黄色ブドウ球菌の場合は感染しますと、乳腺の深部まで侵入し、そこで化膿巣を形成します。さらに自然治癒はほとんど期待できません。抗菌製剤の感受性検査では感受性が認められても、*in vivo* つまり、実際の生体内ではやはり薬剤の効果は望めないことが多いと思います」

「つまり、それほど黄色ブドウ球菌の場合は患畜に甚大な被害を与えるということですね？」

「異議あり！　検察官は証人に強制を促す質問です」

たまらず、弁護人は叫んだ。

「異議を認めます。検察官は質問を変えてください」

「わかりました。証人はこれまで薬剤に反応しない薬剤耐性黄色ブドウ球菌を多く経験してきたということですか？」

「はい、黄色ブドウ球菌は他のブドウ球菌と比較して伝播(でんぱ)力や治癒率が全然ちがいます。コアグラーゼ陰性ブドウ球菌の場合、通常CNSと呼んでいますが、分離株数は黄色ブドウ球菌より高頻度で検出されていますが、菌に対する薬剤の効果は高く、耐性菌もほとんど出現していません」

「検察側からは以上です」

検察側の質問を終えると、裁判官は弁護人席に向かって
「では、弁護人の反対尋問がありましたらどうぞ」

反対尋問①

「証人は今の仕事に従事されて二十数年以上経過し、かなりの臨床経験を積まれ、さらにさまざまな酪農家と接触されてきたかと思います。酪農家によって乳房炎の発生の多いところと少ないところとあるわけでしょうか？」

「農場によってははっきりと乳房炎の発生率は違ってきます。乳房炎に限らず肺炎や子牛の下痢なども飼育者によって病気の発生には差があると思います」

「ここに一冊の本があります。『家畜共済の診療指針Ⅱ、五・乳房炎の診療指針』、（全国農業共済協会編、二〇〇三年）。これの二六二ページによりますと、（二）乳房炎防除管理プログラムの実際として、農場の牛舎衛生・管理のチェックポイントがあります。項目として、①処理室が清

潔か、②牛舎内外が清潔で乾燥しているか、③清潔な敷料が十分あるか（乳房、尻、後肢、尾がよごれていないか）、④運動場が泥濘化していないか、⑤分娩房を使用しているか、⑥乳房の毛刈りを行っているか、⑦全頭全房に乾乳期治療（乾乳期用軟膏の使用）を実施しているか、⑧飼槽、給水設備が清潔か、⑨乳質の悪い乳を子牛に飲ませていないか、⑩鼻水をたらしている牛、息遣いの荒い牛が多くないか、⑪成牛と育成牛が同じ施設にいないか、⑫乳房炎の発生記録、抗生物質の使用記録をつけているか、⑬糞尿が適切に処理されているか、⑭ハエの防除をしているかなどがあります。これらは食の安全・安心が消費者から強く求められる今日、牛乳の生産者としての酪農家に託される基本事項だと考えられます。危害分析重要管理点（ＨＡＣＣＰ）における標準作業手順（ＳＯＰ）として提示もされています。さらに二六八ページの「ｃ・搾乳システムの保守点検」の箇所では、〈日頃よりシステムの保守手点検を励行することは、乳房炎防除の観点からみて一番の出発点である。なぜなら、システムの不備が原因で乳房炎を発生させている時は、その他の環境衛生、搾乳衛生、牛体管理などをいくら適正に実施しても効果が得られないからである〉とあります。証人はこの本をお読みになったことはありますか？」

「異議あり、本件との直接の関連性があるとは思えません」

「異議を却下します。証人は証言を続けて下さい」

「本の存在は知っています。ただ大部の本ですのですべてに目を通したわけではありません。今の内容は基本的な事項ですので日常指導する場合にも当然話には出てきます」

「嘉手苅聡氏の農場ではこうした基本的な事柄は遵守されていたのでしょうか？」

與那覇は上目づかいに裁判長を見つめながら、視線を弁護人に戻した。

「嘉手苅さんの農場には確かに往診でよく行きますが、毎回わたしが診ているわけではありません。また、ミルカーの点検に関しては講習会等を利用し普段から指導しているつもりですし、それに個々の農家のこうした細かい点まではわれわれが把握することは無理だと思います」

「確かに多忙な往診の時間内ですべてをチェックすることは困難でしょう。しかし、一般的な衛生状況ならある程度観察できるかと思いますが。例えば牛舎環境の清掃とか牛体の汚れ具合だとか、または敷料の交換の頻度とかですが」

「……」

「それでは結構です」

検察側の証人②

続いて証言台に呼ばれた沖縄県家畜衛生試験場の主任研究員の座喜味聡は、人定質問、宣誓書朗読など形式通りに済ませた。

裁判の公判廷では証人はいきなり証言するわけではない。刑事事件の場合は、検察側は、通常関係者のすべてについて供述調書を取っている。そして証人は検察側から供述調書のとおり述べることが要求されている。

その時、傍聴席に一人の女性が静かに入ってくるのが、裁判長にはわかった。最後部座席に着席した。モスグリーン系でペイズリー柄のシルクのブラウスと白いタイトスカートに身を包んだ彼女を凝視し続けていた裁判長は、昔見たある映画の情景を憶えていた。

『事件』(78年)は大岡昇平の同名ベストセラー小説を原作に、神奈川県の相模川沿いの小さな町で起こった事件を題材に名匠野村芳太郎が監督している。スナックを営む坂井ハツ子(松坂慶子)が刺殺され、その妹ヨシ子(大竹しのぶ)と交際のあった上田宏(永島敏行)が逮捕される。一人の十九歳の工員を愛してしまった姉妹の激しい相克を描き、裁判が進展する過程で意外な事実が浮き上がり「真実」の結末に到達する法廷人間ドラマ。

裁判長は司法修習生の頃に見たこの映画を職業意識からくる期待感ももちろんあったが、本当の理由は妖艶な色香を放つ松坂慶子の熱烈なファンの一人としてスクリーンを観ていた。その年のキネマ旬報の日本映画ベスト・テン四位にランクされた法廷劇を青年修習生は存分に堪能した。

今日の裁判には場違いとも思える傍聴人の登場に一瞬戸惑ったが、裁判長はすぐに被告菌が農場だけでなく、ペットの犬にも被害をおよぼしていることを思い出した。

「そういえば、ホステスや風俗嬢などの水商売にはペットを飼っている人間が多いということはよく耳にする」……「この女性もその身内の一人なのか」あるいは「コワルスキーの飼い主?」

裁判長は、この翳りを帯び、鎖骨のきれいな傍聴人に若き痩身の松坂慶子を同化していた。そしてつい先日、意気込んで観た『犬神家の一族』（06年）の松坂慶子扮する犬神竹子の体躯に焼き付いた衝撃がいまだに癒えてないこの身の災厄を嘆いた。

法曹界に身を置くものにとっても、傍聴人などのギャラリーが増えれば、それだけモチベーションが高まるのは周知の事実だ。悲しみを招いたとされる張本人、いや張本菌に憎悪の炎がたぎっていくのを抑えられなかった。

座喜味は現在、家畜衛生試験場でおもに生化学関連の病性鑑定業務を担当しているが、事件のあった当時は中央家畜保健衛生所の主任技師として、乳房炎の細菌検査を行っていた。

「証人の事件当時の業務内容について話して下さい」

「中央家畜保健衛生所の衛生課の主任技師として病性鑑定、各種衛生指導事業などです」

「病性鑑定は担当が決まっているのですか？」

「病性鑑定主任が一人いますが、業務は衛生課全員で分担してやります。また、外勤で衛生課の職員が不在の時は防疫課の職員にも解剖などの手伝いを求めます」

「当時の検査内容について話して下さい」

「乳房炎の罹患牛から採取した乳汁についての細菌培養依頼でした。乳汁には俗に〈ブツ〉という乳房炎特有の好中球を含んだ凝固物が混じっていました。いつも通り、羊血液寒天培地とDHL寒天培地で好気培養、変法GAM寒天培地で嫌気培養をおこないました」

「それぞれの培養条件の特徴について順番に説明してもらえますか？」

「羊血液寒天培地はいわば非選択培地に分類されるもので、原因菌の九〇％以上が発育してきます。また、培地には血液が添加されていますから、菌が溶血性があるかどうかも確認することができて、同定の重要な指標となります。ます。ＤＨＬ寒天培地はおもに腸内細菌科菌分離用の選択培地です。変法ＧＡＭ寒天培地はウェルシュ菌 *Clostridium perfringens* などの嫌気性細菌を想定して使用しますが、今回は臨床症状からして可能性は低いと思いました」

「培養の結果を説明して下さい」

「培養翌日には羊血液寒天培地と変法ＧＡＭ寒天培地に菌の発育が認められました。ＤＨＬ寒天培地には発育はありませんでした。発育菌は純培養状、つまりコロニーを見た限りでは一種類の菌であることがすぐわかりました。それで一つのコロニーを取って、グラム染色を行いました」

「グラム染色とはどういう染色ですか？」

「細菌は染色性によって大きくグラム陽性菌と陰性菌の二種類に分類されます。グラム陽性菌は細胞壁のペプチドグリカン層が厚く脂質に乏しいため菌は青紫色に染まり、陰性菌は脂質が多いため赤く染まります」

グラム染色は、オランダのクリスチャン・グラムが一八八四年に考案したものである。細菌学の分野ではこれほど有意義な情報を与えてくれる染色法はない。原法は改良を重ね、現在では一、二分で染色できる市販の簡易キットが常用され、世界中のラボで毎日夥しい数の検体が処理されている。

「続けて下さい」

「スライドグラス上の検体を顕微鏡で油浸レンズで観察すると、青紫色に染まったブドウの房状の球菌が見えましたのですぐブドウ球菌とわかりました」

「すぐに被告菌と判ったのですか？」

「異議あり！　証人に同意を求めています」仲村渠は裁判長に叫んだ。

「異議を認めます」裁判長はすぐに裁定した。

「いえ、ブドウ球菌といっても多くの菌種があります。黄色ブドウ球菌かどうかはさらにいろいろと検査を進めなければ判りません」

刑事訴訟法による証人尋問には、主尋問、反対尋問、再主尋問等がある。

主尋問とは、その証人を申請した側が、まず自己の立証趣旨に適合した証言を引き出すために行う尋問であり、反対尋問は反対側が、その証言の欠陥を突き、あるいは証人の信用性を失わせるのを目的として行う尋問である。

主尋問は証人に自由に真実を述べさせる趣旨であるから、申請者が誘導的な訊き方をするのは許されない。

二〇〇一年に刊行された『Bergey's manual of systematic bacteriology second edition』には *Staphylococcus* 属菌は三六菌種一九亜種が記載されている。

「どのような検査で区別していくのですか」

「まずコアグラーゼ試験をやります。コアグラーゼは人やウサギの血漿を凝固する酵素で、一部例外はありますが、ほとんどの黄色ブドウ球菌はこの酵素を産生しますから、他のブドウ球菌とを鑑別する有効な方法となります」

「血漿が凝固した場合は、黄色ブドウ球菌と判定できるわけですか」

「コアグラーゼを産生するのは黄色ブドウ球菌だけではなく、*S.hyicus* や *S.intermedius* などの菌種も産生します。そのため、市販同定キットを用いてその他の生化学的性状を調べて最終的に同定します」

「それで同定成績はどうなりました」

「*Staphylococcus aureus* と同定されました」

「同定確率は」

「九九・七％です」

「検察側からは以上です」

反対尋問②

「弁護人、反対尋問を」

検察側の主尋問が終わると、裁判長は仲村渠に声を掛けた。

「では、証人におたずねします。あなたは先ほど複数の培地を使用して培養検査を行ったと証言しましたが、乳房炎の原因菌はそれほど多岐にわたっているのですか」

「農場間によって分離菌の状況も異なってきます。分離率としては *Streptococcus agalactiae*、*Streptococcus dysagalactiae* などの環境性レンサ球菌、コアグラーゼ陰性ブドウ球菌などが高く、甚急性の重篤な壊疽性乳房炎をおこしやすい大腸菌やクレブシエラ菌などもしばしば分離されます。黄色ブドウ球菌はその次くらいの割合で検出されるかと思います。あとコリネバクテリウム、シュードモナスなどになります。細菌以外では *Candida* などの酵母が原因となった真菌性乳房炎などや、*Mycoplasma bovis* によるマイコプラズマ性乳房炎も散発的であるが関与します」

「そうしますと、検出率としては環境性レンサ球菌などのほうが高いわけですね」

「はい」

「黄色ブドウ球菌は何%位の割合で検出されるのでしょうか」

「農場の平均的な分離率としては、おおよそ五～一〇%程度だと思います」

「乳汁から細菌が分離されないこともあるわけですか」

「ええ、むしろ有意菌が分離されないほうが圧倒的に多いと考えられます」

「具体的にどのくらいでしょうか」

「これまでの例ですと約半数が全く菌は検出されません」

「以上です」

弁護側の証人

「ではこれから、弁護側の証人尋問に移ります」

「はい、宵越信博氏と平安名盛己氏を証人として申請します」

「立証趣旨はなんですか」

「宵越証人は大学教授として長年ブドウ球菌の病原性と生態について研究を続けられております。豚の滲出性表皮炎について被告菌の関与の不当性を主張したいと思います。また平安名証人には動物病院の開業医として犬の耳の病気について被告菌の単独関与の不当性を主張したいと思います」

「わかりました。では宵越証人は証言台の前へお進み下さい」

教授は型通りの人定質問を終えると、真っ直ぐ裁判長を見据えた。

「着席して下さい。では弁護人、進めて下さい」

「証人はご職業が大学教授ということですが、大学ではどういう講座を担当になっておられるんですか」

「家畜衛生学です。細菌学おもにブドウ球菌の病原性の解明を中心に講義、研究をやっています」

「先生のご専門の研究は何年くらいやっていらしゃるのですか」

「そうですね。助手時代からですから、関心を持ち出しておよそ三十年くらいになると思います」

「豚の滲出性表皮炎について伺います。概括的にこの病気の特徴を教えていただきたいと思います」

「ご存じかもしれませんが、三十数種あるブドウ球菌のなかでも人や動物に病原性のある菌種はほぼ限られています。（被告菌を横目で見ながら）学名のスペル順に申しますと人、動物の化膿性疾患、ブドウ球菌性熱傷様皮膚症候群、毒素性ショック症候群、食中毒、反芻類の乳房炎、家禽の浮腫性皮膚炎をおこす *S.aureus*、人の心内膜炎、尿路感染症、人、鶏の皮膚化膿性疾患、牛の乳房炎をおこす *S.epidermidis*、犬、猫の中・外耳炎、犬の膿皮症、生殖器系感染症、創傷感染、馬、ミンクの化膿性皮膚炎をおこす *S.intermedius*、人の尿路感染症をおこす *S.saprophy-ticus* などがあります。そして特に豚の滲出性表皮炎に関与しているのが *S.hyicus* です。具体的な特徴を申しますと、当該疾病は一〇～二一日齢を中心に一～六週齢の子豚に限定されています。発生様式が一腹の同腹豚を単位としていること。あるいは哺乳豚が発生すると同腹の他の哺乳豚にも波及します。死亡率は二〇％前後で、まれに八〇％以上のこともあります。本病は年間を通じて発生しますが、四～一〇月の比較的温暖な季節に多発する傾向にあります。罹患豚は病変部表皮から皮脂様の滲出物を出し、さらにこの浸出物に皮垢、塵埃、汚物などが混じて体表は黒褐色となり、皮膚全体ががスス（煤）を被った状態にみえることから〈スス病〉と俗称されています」

「この浸出物はどうしておきるのでしょう」

「*S.hyicus* の産生する表皮剥脱毒素（Ｅｘｈ）が原因となります。この毒素が豚の皮膚の表皮細胞間接着因子デスモグレイン一を切断することによって表皮の剥脱現象がおきます」

「すると黄色ブドウ球菌はこの疾病には関与していないのですか」

「黄色ブドウ球菌が産生する表皮剥脱毒素 exfoliative toxin（ＥＴ）もあります。ただしこの毒素は伝染性膿痂疹、一般的には「飛び火」と呼ばれる幼児がプールや保育施設で感染する病気には関係しますが、豚のスス病とは関係ありません」

「宵越さん、ありがとうございました。弁護人からは以上です」

引き続き平安名証人が呼ばれた。

「証人は職業が開業獣医ということですが、具体的にはどういう仕事ですか」

「那覇市で小動物病院を開業して、その院長をしております」

「開業して何年くらいでしょうか」

「一二、三年ほどだと思います。以前は沖縄県の職員をやっておりました」

「県職員の時の経歴をごく簡単におっしゃっていただきたいのですが」

「昭和五〇年に鳥取大学の大学院を卒業後、八重山家畜保健衛生所に採用されました。その後、家畜衛生試験場で研究員として主にダニを中心とした原虫病の研究に従事してきました。そして中央と北部家畜保健衛生所に勤めた後、県を退職しております」

「では早速ですがペットの病気についてお尋ねします。証人の病院では犬と猫が受診するのはどちらが多いのですか」

「犬の方が多いです。比率でいいますと六対四の割合でしょうか」

「犬が病気で来院する理由としては何が多いのですか」

「やはり一番多いのは外耳疾患を含む皮膚病でしょうか。それと内科、これには循環器や泌尿器は含まれませんが、で半々ぐらいの割合かと思います」

「皮膚病の内訳としてはどういった疾患があるのですか」

「感染性の皮膚疾患が多いですね。次いでアレルギー性、内分泌性のものが挙げられます」

「感染性の区分はどうでしょうか」

「主にブドウ球菌が関与する膿皮症が圧倒的に多いと思います。残りはニキビダニ症やヒゼンダニが寄生して起こる疥癬、真菌が原因となった皮膚糸状菌などがあります」

「ブドウ球菌が関与するとおっしゃいましたが、どういった菌種でしょうか」

「外耳炎の検査は通常、家畜保健衛生所に依頼しています。回答では *Staphylococcus intermedius* の分離率が最も高く、次いで黄色ブドウ球菌の順で、ブドウ球菌が関与する場合はこの二菌種で約八〇%を占めていたように記憶しています。他の菌では緑膿菌も多数分離されました。この菌は抗生物質に自然耐性のため、他の病院から予後不良のためわたしどものところへ転院されてくるケースがままありました。後は *Streptococcus canis* などのレンサ球菌も少数ですが分離されています」

「犬に外耳炎が多いのはなにか理由がありますか」

「犬は猫に比較して四、五倍は多く発生します。耳の形態などにも関係があるかと考えられます。垂れ耳の種類の犬に発生が多いという報告もありますが、明確な関連性はわかりません。ただし、長毛種では耳のなかに毛が密生しているため通気性が悪くなり、菌が発生しやすくなる傾向にはあると考えられます」

「つまり、毛をカットして通気性をよくすれば外耳炎の発症も抑えられるのでしょうか」

「ええ、飼い主の日頃の管理でかなりの程度予防は可能です。耳垢はこまめに綿棒などで掃除をすればまず慢性化するようなことにはなりません。それに人と違い犬の耳は外耳道から鼓膜までが水平に一直線にはなっていません。犬の場合は、入り口からまず下の方に下がり、それから水平に鼓膜までのびていきます。そのため、かなり無理して奥まで突っ込まないかぎり、鼓膜を損傷することはまずありえません」

「これまで来院してくる犬の場合はどうですか」

「ほとんどの飼い主の方が一度も耳のケアをやったことのないというケースばかりでした。特に、発生の多い夏場は気を付けて頂きたいと思います」

「平安名さんありがとうございました。弁護人からは以上です」

論告求刑

刑事訴訟法第二九三条第一項には、「証拠調べが終わった後、検察官は、事実及び法律の適用について意見を陳述しなければならない」と規定されている。これが論告であり、その中で検察側が有罪の場合に適当と考える量刑についても陳述する（求刑）手続きである。ただ、「求刑」という行為は刑事裁判手続きにおいて必要でないというのが一般的な見解であるとされている。

検察官の論告求刑の要旨は以下に要約された。

一・牛の乳房炎の原因菌としての被告菌の犯した行為は悪質で計画的であり、複数あるとされる原因菌のなかでも、侵襲性の程度、健康な同居牛への影響、常習性などが峻烈に糾弾された。

二・豚の滲出性表皮炎については、同属である *Staphylococcus hyicus* の従犯としての役割を果たし、前途洋々たる子豚の外見的商品価値を著しく凋落させた。

三・鶏のブドウ球菌症の原因菌として、長期にわたり積極的に関与し、水腫性・壊死性皮膚炎や敗血症などの致死性疾患をおこした。当該疾病は歴史的にも地理的にも広汎で重篤な経済的被害をもたらしており、たとえこの事に罪を真摯に認め、悔悟の情を示しているとはいえ、高病原性鳥インフルエンザなどのパンデミックをも凌駕する感染症としての役割は大きく、断罪に値する。

四・何ら落ち度のない愛玩犬に対し、外耳炎から蝸牛神経をおかし難聴に至らしめたものであり、外来性の薬剤耐性遺伝子を自らの染色体に挿入するなど、その執拗で狡猾な手段でもって抵抗を試みるなど非道の限りを尽くした。さらに、病気の原因を飼い主に転嫁し、無罪を主張するなどの行為は、もはや呼びかけにも応じなくなった伴侶動物に対する家族の深淵な悲しみを増幅させ、その心情は察するに余りある。

弁護側の最終弁論

弁護人の見解は以下に要約された。

本件の公訴事実一は、被告菌の故意による傷害か、未必の故意による傷害か、あるいは過失による傷害か、否かの事実認定についてであるが、弁護人は、傷害の故意がなかったものと確信する。

公訴事実二は、全くの事実無根であり、真実と科学の名において無罪を求める。

公訴事実三は、同属菌種の他の株の菌による傷害致死というものであり、もとより被告菌は現場には存在しなく、無罪を求める。

公訴事実四は、飼い主の過失により、傷害が生じたものであり、被告菌には過失はなく無罪を求める。

検察側と弁護側の最終弁論が終わり、判決は二週間後と決まった。

判決

ガジュマルやアカギが鬱蒼（うっそう）と生い茂る「裁判所通り」に面した那覇地方裁判所は、かつての沖縄県刑務所跡に建てられた。一一月の上旬はまだ汗ばむ天候の多い沖縄だが、この日はやや肌寒く感じられる。

一一月二日午後一時半過ぎ、第二〇三法廷は検察官、弁護人、傍聴人が居並ぶなか、黒い法服に身を包んだ裁判長と二名の裁判官が入室し開廷した。

しばらくして、三名の刑務官に連れられた被告菌が、一礼して法廷に入った。かつては丸味を帯びていた被告菌の体型も、逮捕から今日まで連日にわたる取調べと公判のために憔悴し、削痩いちじるしく、さながら桿菌（かんきん）と見間違うばかりであった。

「今日は判決文を言い渡します。判決の理由から説明しますので、座って聞いてください」と裁判長は主文の言い渡しを後回しにした。

過去の慣例からして、判決の主文を後回しにすることは厳刑であることが予想された。

「本件は……」判決の理由が朗読された。ここでは個々の事由には詳しくふれないが、その要旨として多種類の動物への犯行、広汎な病態、被告菌の極めて自己中心的な犯行態度と規範意識の希薄性が糾弾された。また、弁護側は正常細菌叢としての被告菌の生育環境を斟酌すべき情状としてあげているが、同じ環境におかれている他の細菌でもむしろ犯歴がないものがほとんどであり、被告菌の犯罪性向は生育環境よりも被告菌の矯正不能な性状に由来するものが大きいというべきであって何ら斟酌するに及ばない。なお、子豚への滲出表皮炎については無罪とした。

主文

約半時間にわたり理由が述べられた後、裁判長はおもむろに主文を読み上げた。

「被告菌を一二一℃、一五分の高圧滅菌に処する。ではこれで終わります」

全員起立のうちに関係者が見守るなか、三人の裁判官は立ち上がり、裁判長を先頭に背後のドアから視界に消えた。

青紫色の被告菌の顔色は判決を聞いて、さらに蒼白になっていくようであった。

閉廷後、直ぐに接見した仲村渠弁護士は被告菌に向かってささやいた。

「当然、控訴する。いいかい」

怒りを抑えるかのように、黄色葡萄球菌はゆっくりうなずいた。

「ええ……」

第七話

何がジューンに起ったか？

『何がジェーンに起こったか？
What ever happened to Baby Jane』
一九六二年　アメリカ
監督：ロバート・アルドリッチ
キャスト：ベティ・デイヴィス
ジョーン・クロフォード
ヴィクター・ブオノ

うりずんから若夏へ

『おもろさうし』は一二世紀から一七世紀はじめに首里王府が採録集成した沖縄・奄美諸島に伝わる古代歌謡集。おもろは「神に申す歌」を意味し、民俗・信仰・労働などを幅広く歌った叙事詩である。沖縄最古の歌謡集であると同時に、古代沖縄の歴史、民族、宗教、言語などを探る重要な資料。おもろ語に季節をあらわす美しい語が綺羅星のごとくある。「あけもどろ」「うりずん」そして「若夏」。「あけもどろ」はわたしたちの祖先・オモロ人が太陽がまさに東の水平線を出ようとするときの太陽の出現の美しい光景を花にたとえて「あけもどろの花」と形容したことによる。「うりずん」は旧暦の二、三月で、雨が降り土を潤す季であり、「若夏」は旧暦四、五月で、長い夏を迎える直前の節である。

若夏の六月に近づくとわたしはある支度をし始める。

ねじ付きキャップの試験管の一本、一本にせっせと「クックトミート培地 Cooked Meat Medium」を秤量し、一〇mlの蒸留水を加え、炭酸カルシウムを〇・一%になるよう調整し、一二一℃、一五分間高圧滅菌する。オートクレーブから取り出した培地を氷の入ったトレイに入れ急冷し、培地中の酸素を追い出す。さらに検体の希釈に使うpH六・二の〇・二%ゼラチン希釈液もたっぷり作っておこう。これで準備万端だ。

沖縄ではなぜか梅雨明けと重なる慰霊の日（六月二三日）前後から長い夏の終わる九月の終わりまで三か月余、いずれ入るかもしれぬある病鑑材料を待つ。

地上最強の毒素

一九九九年、アメリカの疾病管理センター（CDC）は、大量の患者と死者が出やすい特徴をもつきわめて重要な生物兵器として、細菌では炭疽菌、ペスト菌、野兎病菌、ブルセラ属菌、毒素としてはボツリヌス菌毒素、ウイルスとして痘瘡ウイルスをあげている。その後、これらに基づく感染症をカテゴリーAとしてバイオテロリズムに用いられる可能性の高い重要疾患として位置づけた。

ボツリヌス菌毒素は毒性が非常に強く、動物実験によると体重一kg当たり〇・五g（〇・〇〇〇〇〇一mg）で動物を殺すことが可能であるという。人への致死量は〇・一～五・〇μg／kg。殺傷能力は二、〇〇〇万人ともされ、青酸カリが五人であることからすると桁違いの毒性であると言えよう。また、通常使用される抗生物質が有効でないことや製造と運搬が容易であることなどから生物兵器としてはまさに理想的な毒物であると考えられている。幸いサリン事件のような死亡者を出すことはなかったが、オウム真理教も研究し、国会周辺で散布したのがボツリヌス菌である。

ボツリヌス菌 *Clostridium botulinum* は空気の全くない環境でしか増殖できない菌で、こうした菌のことを偏性嫌気性菌という。グラム染色をすると青色に染まる単在または短連鎖をする巨大な桿状（〇・四～一・九×四～六μm）の菌であり、芽胞を形成する。芽胞は土壌中、海および湖沼の泥などに存在しており嫌気的な環境下で発芽、増殖し、神経毒素を産生する。

菌名の由来はソーセージを表すラテン語の botulus から来ており、ヨーロッパでは中性以来、ソーセージやハムを食べてなる奇異な食中毒があり、腸詰中毒（ボツリヌス中毒）として知られていた。

葬楽の後のとむらい

ベルギーでは葬式に楽団が葬楽を演奏する伝統があった。一八九五年一二月、葬儀の三四名の楽士が塩漬けにしたハムの昼食をとった。その翌日から、大多数の麻痺を起こし、うち一三名が重症となり、三名が死亡した。

エミール・ヴァン・エルメンゲム博士はハムの残りと死亡者の脾臓から嫌気性有芽胞菌を分離し、この菌を詳細に調べ、この菌が恐ろしい毒素を産生するボツリヌス中毒の原因菌であることを突き止め、一八九七年ボツリヌス菌と命名した。

七つの神経毒素

ボツリヌス菌は神経毒素を産生し、その毒素型は抗原性をもとにしてA～Gに分類される。これらの毒素は動物種により感受性が異なる。菌はその産生する毒素の抗原性により分類され、ある一つの型菌は一つの型の毒素だけを産生する。すべての型が分子量一五万のタンパク質であることがあきらかにされた。人はおもにA、B、E、F型の中毒の報告が多く。国内で有名な例としては、一九八四年に熊本県で真空パックされた芥子蓮根による患者三六名、一一名の死者を出したA型中毒がある。ボツリヌス毒素は熱に弱く八〇℃三〇分、一〇〇℃一〇分の加熱で不活化される。毒素産生の至適pHは五・〇〜八・〇。

動物では鶏や家禽に最も多く発生しているが、カモなどの野生の水禽類にも珍しくない。動物の場合、毒素型はC型がほぼ一〇〇％近くを占めているが、近年後述するようにD型菌の報告も知られるようになった。従来C型毒素は人への毒性はないものと考えられたが、岡山大学医学部の小熊惠二教授らは一九九〇年に世界で初めて北海道での一七一日齢の女児のC型中毒（突然死型）を報告している。

また、ボツリヌスは乳児ボツリヌス症の原因菌になる。一九七六年米国で報告されて以来、既に一、二〇〇例以上の症例がある。殆どの例は生後二週齢から一歳未満の乳児にのみ発生する感染症である。経口摂取された芽胞が乳児期にかぎり腸内で増殖する理由としては、乳児期の腸内細菌叢が不安定であることが考えられている。原因食品として蜂蜜や他の食品（コーンシロップや水飴、野菜スープなどが疑われている）。さらに乳児突然死症候群の一原因とも考えられている。国内では一九八六年に一例、一九八七年に九例の報告があるが、いずれもA型中毒で、内九例では蜂蜜が原因と考えられている。このため、厚生労働省は一歳未満の乳児には蜂蜜を与えないように指導している。

アヒルの集団ボツリヌス症

一九八四年九月中旬、当時中央家畜保健衛生所の防疫課に属していたわたしは糸満市でのアヒルの集団ボツリヌス症にはじめて遭遇した。

そこでは台湾から導入された肉用アヒルが飼育されていた。幼雛群と成アヒル群に分けて飼育されていたが、異常は人工池の飲み水を利用していた成アヒル群にのみ認められた。人工池は循環不良で青ノリが繁茂し、汚泥が堆積してところどころガスの発生がみられた。

集団飼育下でのボツリヌス中毒（金城原図）

アヒルは典型的ないわゆる limber neck（軟頸）症状を示していた。limber は「しなやかな、軽快な」という形容詞や、スポーツ用語では「柔軟体操をする」という意味もある。ボツリヌス毒素による弛緩性麻痺のため首の筋肉が弱り、頸部が下垂し、食餌ができなくなっていた。毒素は神経伝達物質であるアセチルコリンの遊離を抑制することにより、シナプス間隙に放出されなくなり、神経インパルスの伝達を阻止するため抹消の筋肉を麻痺させる。その結果様々な筋肉が動かなくなるのである。

稟告によると、四月一〇日に台湾から五、〇六二羽の導入され、四月一一日から二四日にかけて動物検疫を受け、五、〇四七羽が解放、飼育されていた。発生時点までは順調に発育し、出荷していたが九月一四日から死亡アヒルがみられ始め、最終的に約三、〇〇〇羽中四〇〇〇羽に死亡が確認された。

この時の病鑑の細菌検査を担当したのが家畜衛生試験場の金城英企博士である。金城らは発症アヒルの盲腸内容、死亡アヒルに付着していた蛆、池の汚泥、池の水からボツリヌスC型菌を分離した。

ボツリヌス症の診断はある条件が揃えば比較的容易である。検出方法としてバイオアッセイが最も感度が高い。ボツリヌス毒素は感染動物の血清、盲腸内容に高力価で存在し、次いで肝臓にも分布している。瀕死期の動物がいた場合は採血し、その血清〇・五㎖をマウスの腹腔に接種する。マウスは通常三~五時間後にボツリヌス毒素特有の腹部の顕著な陥没が認められ、二四時間以内に死亡する（観察は四日間続ける）。毒素の検出にはマウス接種法が最も感度が高く、約一〇〇pgの毒素を検出できるとされている。毒素型別はA~Gのそれぞれの抗毒素血清を試料と同量マウスに接種し、中和された場合にその毒素型と決定する。前述のとおりボツリヌス毒素は易熱性の毒素であるから八〇℃三〇分の加熱と同等以上で不活化されるから型別をやる前にその確認をしたほうがよい。

検体からの菌の分離は、原因菌が培養の難しい菌の一つであることや、農家からの通報の遅れなども重なり検出されない例も多い。

病理学にはボツリヌス症の場合、解剖学的にも組織学的にも特徴的な所見がないのが本性の特徴であるといわれる。事実過去の症例報告をみてもすべてが著明な変化が認められていない。

リンバーネック症状

症状については当時、一緒に同行した金城博士の論文（家畜衛生試験場年報第二〇号）より引用してみよう。細やかな観察の行き届いた所見がうかがえる。

「発症アヒルの初期症状は元気、食欲不振で白色下痢便が見られ、尻羽は汚れ病アヒルは一カ所に集まりうずくまりが見られた。このような症状のアヒルを追いたてると両翼を使って移動両脚は引きずって神経麻痺による歩行障害が認められた。中期の症状は沈うつ、脚、翼は神経麻痺の進行により完全な麻痺を示すが、頭頸部の運動は可能で知覚も明瞭であった。重度の病アヒルは頭頸部の負担が困難となりくちばしで支えるようになり知覚も不明瞭で、まぶたは麻痺を伴って下垂してこんすい状態を示し、遂には死亡した。発病群の中には少数ではあるがリンバーネック症状が死の直前に見られた」

リンバーネック症状（金城原図）

発生の温床

鶏やアヒルさらにカモなどの野鳥によるボツリヌス症の発生はこ

れまで多数報告されている。なかでも嚆矢となったのが一九七三年九月の東京都の中川流域でのカモの集団斃死例である。これまで人以外での動物のボツリヌス中毒は北海道でのボツリヌスC型菌によるミンクの集団斃死例が報告されているにすぎなかった。これは本邦で最初に確認された野鳥のボツリヌス中毒である。その後、一九八四年六月から翌年の三月にかけて上野動物園の不忍池でのアヒルや野生カモなどの水禽類の集団斃死例がある。

ボツリヌス症の発生要因としては高温で降水量の少ない気象条件が指摘されている。糸満の症例も同様の環境であった。八月に入り異常高温が続き降水量も少なく、飼育場の水飲み場が循環されず停滞し、嫌気性菌の発育には極めて好条件であった。

過去に国内で発生した鶏や水禽類のボツリヌス中毒の発生状況を調べてみる。まずブロイラーについては一九八〇年の福島、熊本、静岡をはじめとし、京都、福岡、鹿児島など多数の報告がある。採卵鶏はこれに比較して少なく一九九五年の茨城での育成鶏での発生。カモは一九八三年の新潟の養殖カモ、一九九八年の奈良の合鴨など全国各地で多数の報告がある。発生時期いずれもすべてが六月の上旬から一〇月の中旬にかけて発生している。

毒素ー非毒素成分複合体

坂口玄二大阪府立大学名誉教授はボツリヌス毒素の発症メカニズムを明らかにした。ここにはボツリヌス菌の巧妙なからくりが窺える。

坂口らは「一・培養液中や食品中では神経毒素は無毒成分と結合し、分子量三〇万（12S毒素）、五〇万（16S毒素）、九〇万（19S毒素）の複合体（progenitor toxin）を形成する。二・経口毒性は分子量が大きいほど大であり、神経毒素のみを経口投与しても中毒をきたさない。これはprogenitor toxinが胃を通過する際に、無毒成分が神経毒素を胃液から保護するためである。三・神経毒素と無毒成分の結合はアルカリ条件下で解離するのであるが、腸液の存在する時には解離せず、小腸より吸収された後、リンパ液および血中で解離し、神経毒素は血流により作用部位である神経—筋接合部位に達する。」ということを解明した。すなわち、毒素が複合体として食品中に存在することは経口毒素として毒性を発揮する上で重要である。

発症のメカニズム

坂口らはさらに、鶏ボツリヌス症がおこるメカニズムとして以下に述べている。

A型菌の毒力はC型、D型よりも鶏に対し感受性が高いにも拘わらず野外におけるボツリヌス症がC型に限られている理由として、A型の至適増殖温度が三七〜三九℃であるのに対し、C型、D型が鶏の体温と同様に四〇〜四二℃であるためとしている。またC型毒素はA型毒素に比べ、鶏の血中で安定であるとされ、またD型菌はニワトリに感受性が低く、盲腸内ではD型菌は増殖しても血中濃度は致死量に達せずボツリヌス症は起こらないと述べている。

夏場にかけて発生が多いのはA型菌の最低発育温度が一〇℃であるが、C型菌は一五℃であるのもその理由のひとつとも考えられる。

さらに盲腸内毒素産生―食糞のサイクルにより血中濃度が増加し、一定のレベルを超えると発症するとした。C型菌芽胞を鶏に経口投与した一連の報告では、各五羽にそれぞれ10^2、10^3、10^4個を投与すると三、五、五羽死亡し、一方、スノコ上で飼育した鶏には1×10^4～3×10^8個／回、一～一四日間経口投与しても発症しなかった。また、金網ケージ飼いまたは平飼いした雛に10^7個投与した場合に後者のみ発症したことから食糞の重要性を指摘している。

これを裏付ける事実として、これまでの国内での鶏のボツリヌス症の場合もほとんどが平飼いのブロイラーの発生が中心で、採卵鶏でも一例を除き、平飼いで発生している。この例外はケージ飼育中の育成大雛の発生であるが、死亡した鶏を長らくケージ内に放置して、鶏が斃死鶏をついばむことがあったり、蛆の発生がみられたりしたケースである。この場合、閉鎖環境で毒素が蓄積し、近隣の鶏のみに発生したものと想定された。

防止対策

鹿児島大学農学部獣医公衆衛生学の岡本嘉六教授は鶏ボツリヌス症の発生要因として、過去の症例を詳細に分析し、さらに一連の実験成績から、飼育管理の失宜が背景にあると指摘している。教授によれば、C型菌の腸内定着には種々のストレス要因が関与しており、事前に発芽刺激したC型芽胞を強制的に投与しても、健康な鶏には定着しないことが明らかになった。すなわち、いったん盲腸内に定着すると糞便中に排出される菌数が多くなり、糞食による再感染が容易となるが、仮に芽胞が鶏舎内に侵入してもそれを摂取した雛の体内で定着・増殖しない限り糞便中の菌は増えず、「糞食サイクル」は成立しないものと推定されるとしている。

　したがって、鶏ボツリヌス症は、糞食サイクル、腸内フローラ、ストレスによる感染抵抗性の低下など種々の要因の影響を受けることから、発症を誘因する要因を取り除くための適正飼育規範を確立することが流行防止の有力な手段になるものと考えられると述べている。

もう一つのボツリヌス症

一九九〇年一月、日本農業新聞に「豪州で牛大量死、日本向け中心に三千頭、飼料の鶏糞に病原菌」との見出しでボツリヌスD型菌による牛の大量死が報じられた。ボツリヌス菌で汚染された鶏糞や鶏を飼料にしていた牛群で発生したこの事例では、約二週間に三、〇〇〇頭が死亡した。

　その四年後の一九九四年七月に北海道根室のA町のホルスタインを飼養する酪農家で本邦初の牛のボツリヌス症が発生した。

　七月一から六日までに搾乳牛五五頭全頭が発症し、七月一五日までに、四六頭が死亡、六頭が廃用となった。最終的に治療により回復したのは三頭のみであった。

　症状は元気消失、食欲不振および廃絶、瞳孔散大、下肢から始まる進行性麻痺、起立不能、横臥、舌麻痺、流涎、沈鬱等を示した。体温、感覚は正常であった。

病理解剖、組織学的検査では、いずれも特徴的な所見に乏しく、伝染性疾病および化学物質による中毒所見は認められなかった。

病性鑑定を行った根室家畜保健衛生所と動物衛生研究所の浜岡隆文博士らは、グラスサイレージ抽出液、死亡牛の肝臓および盲腸内容からマウスに致死活性があり、ボツリヌスC型抗毒素で中和される物質を検出した。

疫学調査によれば、給与サイレージは良質な部分はpH四・二〜四・五であったが、腐敗臭やカビのある部分では七・二〜八・五の異常値を示し、汚染サイレージに起因したボツリヌス症と診断された。

浜岡によれば良好なサイレージは乳酸発酵によりpH五前後を示し、この条件だとボツリヌス菌は水分活性値（AW）が〇・九九以上という極めて狭い範囲でしか毒素を産生しないと述べている。感染源についてはオーストラリアの牛の事例とは異なり、鶏や野鳥との接触や関連性は確認されていない。

諸刃の剣

近年、毒素の単離、精製が進み、その構造やメカニズムに関する集積がなされ、毒素を逆に人間が積極的に医療や工業に活用しようとする動きが顕れてきている。

地上最強の毒素と称されるボツリヌス毒素も、その生理作用である運動神経の働きを抑えて筋肉の緊張を和らげる効果を生かし、医療面での応用が計られている。

ジストニアは身体の筋肉が不随意に収縮し、ねじれやゆがみを生じる難病の一種である。最近、A型ボツリヌス毒素が頸部ジストニアである痙性斜頸や眼瞼痙攣の治療薬として利用されている。効果は三〜四ヶ月続き、症状が出てきたら再び注射を繰り返すが、八〇％以上の人で症状が改善するという。

また、米食品医薬品局（FDA）は二〇〇二年四月一五日、A型ボツリヌス毒素製剤をしわとり用医薬品として正式認可している。

目の周りや、顔の皮膚は加齢とともに張りを失い弛緩するが、顔面の末梢筋肉が収縮する作用は継続しているから、弛緩した皮膚が収縮して、しわが目立つ。この収縮をボツリヌス毒素が阻害することにより、筋肉が弛緩する。弛緩した筋肉は皮膚を引っ張らないからしわが目立たなくなるという。

さらなるボツリヌス症

家畜衛生試験場に舞い戻って一年と少しを過ぎた。やはり、若夏を迎えるころから相も変わらずボツリヌス症と出くわす。

専業の農場での発生はほとんどないが、趣味に毛の生えた程度の農家や一般の家庭で飼育される愛玩のアヒル、カモなどで散発する。いずれも衛生管理の不備や失宜が原因となっている。飲水場を中心にして湿潤な環境で飼育される家禽類が犠牲になっている。

今年はさらに、動物園での発生があった。屋外で開放的に飼育されているアフリカクロトキが数羽発症、死亡した。病性鑑定の会議の時、疫学的に感染の疑いをあったので、家畜保健衛生所で採取してあった血清をマウスに接種したら特有の腹部の陥没を示し、翌日には死亡していた。

わたしは今、この文を書くために去年二日続けて北部と中央家保管内で発生したボツリヌス症の記録書を眺めている。

マガモ、フランスガモを飼育している農家で、「羽、頸部の下垂、一〇八羽中一七羽死亡（六月一日現在)」と散文的に記載されている。

住所をみると、具志川市となっている。ことし四市町村の合併でうるま市になった地である。うるまとは沖縄の雅語。「うる」は珊瑚礁のこと、「ま」とは島の意であるという。さしずめ、「珊瑚礁で囲まれた島」で琉球とともに沖縄の古称になっている。

やはり、ジューンには何かが起こるぜ。

第八話

復習するは我にあり

『復讐するは我にあり』
一九七九年　松竹
原作：佐木隆三
監督：今村昌平
キャスト：緒方　拳
三國連太郎
小川真由美

えェ、お運びでありがたく、御礼(おんれい)申し上げます。しばらくの間おつきあいを願います。

「朝(あした)に道を聞けば夕(ゆうべ)に死すとも可なり」という論語のありがたい言葉があります。

どういうことかといいますてェと、わたしもいろいろと自分でもって、こう、汗牛充棟(かんぎゅうじゅうとう)の書物を繙(ひもと)いて調べたァ……方に聞いてみたんですけど、人として生まれてきたら、人道や学問を悟れば、たとえその日のうちに死んでも宜(よろ)しいという事らしいんですが。

これはうーンまあ、孔子さまぐらい偉けりゃわかりませんが、なかなか険しい道でありますな。

それでも、われわれのまわりの相変わらずの連中でもふとなにかに憑かれたかのように、まァ、学問の真似事なぞやるてェこともあるわけで。


「ご隠居、今日は〈トキソプラズマ病〉てェいう病気についてうかがいたいんで参上しました。むさっくるしいところですが、上がってもようございますかィ」

「なにもお前のほうから言うことはない。（やや呆れながらも）おや、八っつぁんそれはそれは感心だ。まァ、（と座布団をすすめ）当てとくれ。こればあさん、八っつあんにすぐにお茶をもってきておくれ。学びの道に遅参なしというが、道を悟らずに酔生夢死するものは、たとえ七、八十まで生きた処(ところ)で所詮(しょせん)まことに哀れなものだ。

まず、オーシスト（胞嚢体）oocystという言葉を覚えよう。国の始まりは大和の国、島の始まりが淡路島なら、トキソの始まりはオーシストだ」

「(嬉しそうに) オーシストならあっしも知っていますよ、ご隠居。昔、広島カープが考えついたというあれでしょう」

「お前さん、それをいうなら「王シフト」(※1) だ。猫の糞にいるオーシストが豚の口から体内に入ると次にタキゾイトになる。ギリシア語の tachys (速く) に由来する tachyzoite と書いてだな、速く増殖する原虫という意味だ。感染初期や発病期にみられる形態(かたち)で、これが二〜三週間、豚の体内にいて、体中を荒らしまわり悪さをする。乱暴狼藉(ろうぜき)されれば、畜生といえども、黙ってはいられない。やがて抗体ができ始める時分になるとタキゾイトはすこしずつ減数し、直径一〇〜二〇μmの袋状の形態(かたち)をしたシスト (嚢子) cyst へと移行する。シストはやがてブラディという……」

「まってましたご隠居! 夏、大工(でえく)仕事を終えてまず、これで一杯(いっぺえ)キュウッとひっかけるとなんとも応(こた)えられねェ」

「それはブラッディメアリー(※2)。壁に耳あり、障子にメアリーといってだな。いつまでもそんなことばかり言っていると他人(しと)さまからほんとの馬鹿と思われる」

「ブラディというのはどういう意味なんですか?」

「正しくはブラディゾイト bradyzoite といって、遅い、重いをあらわすギリシア語の bradys からきて、ゆっくり増殖する原虫ということだ。ブラディゾイトは豚の脳、眼、心筋、横隔膜、骨格筋、リンパ節などでシストに包まれてその中でゆっくりと増えていく。シストはときに五〇μm以上の大きさにもなっていく。なかにはそのままお前さんのようにまるで死んだかのように休眠(ねむ)ったまま一生を過ごす」

「(舌うちして）ほっといて下さいョ。その、おうかくまくというのは？」

「お前さんも病膏肓(やまいこうこう)に入るという言葉は聞いたことがあろう」

「へェ、先だっても横丁の山井さんのところのせがれが今度二浪して高校に入ったァてんで五千円包んで持たせましたがとんだ物入りでしたよ」

「膏は心臓のすぐ下の微かに脂のある部分、肓は膏の下で横隔膜の上の部分だ。昔、晋(しん)の暗君の景公が病になった時、見た夢のなかに病気が二人の童子の姿になりすまし、膏肓に入ればどんな名医だって手のほどこしようがないといってそこにもぐり込んだいう事だ。之を攻(おさ)むるも可ならず。と『春秋左氏伝』(※3)にある。私のみたてでは、おそらくこれが最初のトキソに関する文献であろう。Pub Med（※4）には載っていないようだが」

「いろんな言葉が出てきますね。するぅてえと、薬も効かないんですか」

「之に達せんとするも及ばず、薬も至らず、為む可からざるなりとある。タキゾイトのような増殖型にはスルファモノメトキシンやスルファモイルダプソン（ＳＤＤＳ）などのサルファ剤がてきめんに効くがシストはシスト壁に包まれ嚢に入っているから薬石効なしだ」

「板垣死すとも、自由は死せず（※5）てぇのがありますが、このシストというのもなかなかくたばらないふてぇ野郎なんですね」

「おい、お前さんも妙なところで学を披露すると読者の皆さんもびっくりするじゃないか。しかし、こんなやつらに入られた方は堪ったものじゃない。肺や横隔膜をやられると苦しくて息もできない。子豚なんぞは寝転がって腹式呼吸でチアノーゼおこしてうんうん唸っている」

「うちの嬶も何の因果か大晦日になると腹式呼吸で唸っていますよ」

「およしよ。大工のかみさんが第九で唸っているようじゃ、洒落にもならない」

「かかあで思い出しましたが、母豚には異状はないんで？」

「おや、八っつぁんお前さんこうみえても、少しはまだかみさんにほの字とみえるな」

「いやね、このシストというやつをちょっとみつくろって、あいつの目の離した隙に白湯かなんかにこう溶かして……、そうすりゃあっしだって、気兼ねなく吉原へ行けようてェ寸法だ」

「おいおい、悪戯でもこんな伝法なことを言っちゃいけない。母豚が感染った場合は流産、死産をおこすこともある。畜生といえども三月三週三日の一一四日永らえて育くもうという命だ。あたらこうしたことで亡くしてしまえば間尺に合わない」

「豚は判りましたが、猫の場合はまた違うんで？」

「豚をはじめとする哺乳類や鳥類などの温血動物は中間宿主といってな、いわばかりそめの姿だな。終宿主は猫だ。鼠などからタキゾイト、ブラディゾイト、シストのいずれかを食した猫はその百尋（小腸）のなかで分裂増殖していく。この後二様の数奇な運命を辿る。まず、腸管膜リンパ節を経て全身に広がりタキゾイトとして増殖し、ついでコロニーからシスト形成へと発育する。

二つめは、コクシジウム型という発育を行って小腸粘膜上皮細胞内で初代分裂体、シゾントを形成って、そこから遊離したメロゾイトが有性生殖を行いめでたくチゴート（接合子）となり、やがてその周囲に無色の二層の壁を形成してオーシストとなる。猫の体の中でも一生、あの熊さんのように、乱暴者の風来坊よろしく呑気に独り身で飛び回るものや、かたや留さんとこのように夫婦の契りを堅く結び、子（オーシスト）をなすものがいる」

「なるほどねェ、てェしたものだね。トキソの野郎もタマ公を酷使して、子孫を形成ろうぅてェわけですね。で、オーシストはどうなるんですか」

「腸粘膜を破って飛び出し、糞とともに猫の体外に排出されるのだ。まあ、胞子未形成オーシストといってまだ未熟なやつだ。内部に四個のスポロゾイトを含む二個のスポロシストを形成する胞子形成オーシストとして人様に感染るには、野外ではそうだな二、三日はかかる」

「へぇ、それならあっしもうちの娘がまだガキの頃、一緒に観た映画にありましたよ。いやね、あっしなんかも、稼ぎに追いつく貧乏なしでまったく首が廻んないというのに、あのリンダ・ブレアという毛唐のガキなんざ、悪魔の霊が人に移ったなんてんで、首が一八〇度回転するんでオッタマげましたよ」

「お前さんが話しているのは、それは『エクソシスト』（73年）。首が廻んないのはお前さんが甲斐性もないくせに吉原ばかり行くからじゃないか」

「（やや照れながら、話題を変え）え、人にも写るんですか。その娘が今度お産で帰ってくるんですが、そのオーシストというやつ大丈夫でしょうかね、うちのタマ公の野郎が持っていたら。あんちきしょう、もしそういう了簡（りょうけん）だったらふん掴まえて身ィ闇鍋にして、皮ァ引剥（ひっぱ）がして三味線屋にでもたたき売っちまおう」

「相変わらず物騒だね。写ルンですかと樹木希林みたいなことを言っちゃいけない。なんせ字も違うじゃないか。トンビが鷹を生んだというあの器量よしの娘だな。なに案ずるほどでもない。猫は親から離乳する一、二ヶ月齢の子猫の時期にしかオーシストを排泄（ださ）ない。むしろ豚や馬、羊、山羊などの生肉の方がシストを介して人様に感染（うつ）る機会が多い。おかみさんによくいって包丁、まな板をちゃんと熱いお湯（九〇℃以上）で消毒するよう伝えなさい。（※6）あの痩せ猫のことだ採血でもして調べようならひっくりかえってあの世でもいきかねん。

　寒川猫持という眼医者の詠める歌に『尻舐めた舌でわが口なめる猫好意謝するに余りあれど』というのがある」

「きたねェなご隠居、そんなことさせて大丈夫ですかね」

「おそらく、これほどまでの猫好きの真情を吐露（とろ）した詩歌（うた）をわたしは知らない」

「うへェーやっぱり、猫もトロには目が無いんでしょうかねェ」

「（うんざりするように）八っあん、ちょっとめまいがしてきた。いつのまにか高尚な学問の話が落語の噺（はなし）のようになってきたようだ。悪いけどちょっと横にならしてもらうよ」

「ほんとですねご隠居、あっしもなんだか慣れない話ばかり聞き疲れて、小腹がすいてきましたョ。

ところで今日の噺、『時そば』でしたっけ」
「馬鹿を云っちゃいけない。今日の話は『トキソ』だ」

『解説』

※1　「王シフト」は一九六四年（昭和三九年）、広島カープの白石勝巳監督（巨人軍ＯＢ）が川本徳三スコアラーたちと考案したシフト。王の打球がほとんど右翼方面に飛んでくることに対応したもの。ゴールデンウイークの最中、前日四打席連続ホームランを喫した広島投手陣はこの布陣のおかげで、敵地後楽園球場で新記録のかかった王を四打数無安打に抑える。

※2　「ブラッディ・メアリー」はウオッカベースのカクテルでトマトジュースと少量のレモンを添える。多くのプロテスタントを処刑し、「血まみれのメアリー」（ブラッディ）といわれた一六世紀のイングランドの王女メアリー・チューダー（メアリー一世）に由来するとされる。現代英国を代表する作家、キングズレー・エイミスの『エヴリデイ・ドリンキング』には、このカクテルに目のない著者の仔細なレシピが紹介されている。

※3　『春秋左氏伝』は孔子の編纂とされる五経の一つである歴史書『春秋』の代表的な注釈書。通称『左伝』と略され、『春秋公羊伝』『春秋穀梁伝』とあわせて三伝と呼ばれる。豊富な資料に基づき、文にすぐれる。

※4　「Pub Med」は世界約七〇カ国、約四、八〇〇誌（二〇〇四年一二月現在）に掲載された医学文献を検索できるデータベース。一九五〇年以降の文献が収録されている。従来のMEDLINEと基本的には同じデータベース、日本の雑誌は約一五〇誌が収録されている。医学用語や著者、雑誌名等のキーワードから文献を探すことができる。

米国立医学図書館（National Library of Medicine）が作成しており、一九九七年よりインターネットでの無料公開が始まった。

※5　倒幕自由民権運動の主導者、板垣退助は岐阜で遊説中に暴漢・相原尚褧に襲われ負傷した。その際、「板垣死すとも自由は死せず」と叫んだという説が流布している。しかし、実際には板垣はこのようなことは言っていない。この事件の直後、小室信介（案外堂）というジャーナリストが岐阜で行った演説の題名「板垣死ストモ自由ハ死セズ」が、板垣自身の発言として世間に広まったものである。

※6　オーシストは熱抵抗性が強く、一般の消毒薬には全く無効であるが、シストは、熱に対する抵抗は弱く、七〇℃で二分、八〇℃で一分で死滅する。

第九話

O157は殺しの番号

『007は殺しの番号　Dr. No』
一九六二年　イギリス
原作：イアン・フレミング
監督：テレンス・ヤング
キャスト：ショーン・コネリー
ウルスラ・アンドレス
ジョセフ・ワイズマン

一九八二年二月オレゴン州

一九八二年二月から三月にかけて米国オレゴン州、大手のファーストフードチェーン店でビーフハンバーガーサンドを食べた二六名が奇妙な症状を示した。

突然の激しい腹痛と水様性下痢に始まり、次第に重度の鮮血便を呈するようになった。体温はほとんど平熱であった。

発生から四日以内に採材された糞便培養の結果では既知の病原体は検出されなかった。しかし、通常行われる病原性検査である細胞侵入性や腸管毒素原性が認められないある大腸菌が分離された。

さらに数ヶ月して、五月から六月にかけてミシガン州でまたしても同じチェーン店で二一名が同様な症状を示した。一二検体中九検体の患者糞便とビーフパティから稀少な型の大腸菌が分離された。

分離された大腸菌はO157：H7という聴き慣れない名前だった。

Escherich 博士の菌

大腸菌 *Escherichia coli* の属名はこの菌をはじめて分離したドイツの医学者 Theodor Escherich にちなんでいる。
大腸菌の血清学の基礎は Kaufmann とその共同研究者（Knipschidt および Vahle）によって築

き上げられた。一九四七年にはじめて一二五のO抗原、一〇〇のH抗原および五五のK抗原からなる大腸菌の抗原構造表が発表された。

大腸菌は菌の外膜（細胞壁）の成分である多糖質―タンパク―脂質複合体（リポポリサッカライド）LPSによるO抗原、鞭毛抗原であるH抗原、莢膜抗原のK抗原および線毛抗原のF抗原の四種類に大別される。しかし、K抗原同定の煩雑さから、O抗原の同定に重点が置かれ、病原性あるいは疫学上とくに必要な菌株についてのみH抗原の同定が行われる。通常、大腸菌の血清型は0群とH抗原の組み合わせで表現され、O群は同じでもH抗原が異なる菌株も多数存在する。

Hauch と ohne Hauch

O抗原のOの由来を紹介する前に、H抗原について述べる。大腸菌と同じ *Enterobacteriaceae* 腸内細菌科に属するグラム陰性の桿菌に *Proteus* 属菌がある。この菌のうち鞭毛をもつ菌株は寒天培地上に培養すると鞭毛による菌の運動で培地の表面全体に広がって発育して（この現象をスウォーミング swarming という）、集落を作らないのに対し、鞭毛を失った菌は単独集落を作る。このスウォーミングした状態がちょうどガラスに息を吹きかけたときガラスが曇る様子に似ており、これをドイツ語で"Hauchbildung"ということから Proteus のスウォーミング現象を"Hauch"と、また鞭毛のない菌の発育を"Hauch"でないということから"ohneHauch"と呼ぶようになった。その後、スウォーミングの有無に関係なく全ての腸内細菌などで鞭毛の抗原をH抗原、菌体の抗原をohneに由来するO抗原と呼ぶようになった。

一五七番目のO抗原と七番目のH抗原

大腸菌のO血清群はこれまで一八一種が報告されている。このうち七種（O31、O47、O67、O72、O93、O94、O122）は抗原的に重複があったり、参考菌株が別の菌種*Citrobacter freundii*であったりしたなどの理由で欠番となっているため、実際は一七四種である。H抗原は抗原性の違いから一～五七（欠番があるため合計五四）の番号が付けられている。O157：H7は一五七番目に見つかったO抗原（一九七二年）と七番目に見つかったH抗原を保有する菌ということになる。

人や動物に病原性のあるO157はH抗原七と鞭毛のない非運動性のH－の二種類だけで、O157でもH6、19、25、39、42、45などはVero毒素を産生しない。また、O157：H7やO157：H－に属する株がすべてVero毒素を産生するとは限らない。

一九七五年、カリフォルニアの女性

米国での同一感染源と推定された二件の連続した食物系感染症の疫学調査を行ううちにあることが判明した。

米国疾病管理予防センター（CDC）は一九七三年以来その年まで三、〇〇〇株以上の大腸菌の血清型別を行ったが、そのうちわずか一株のみがO157：H7に属する大腸菌であった。それは一九七五年にカリフォルニアの五〇歳の女性から分離された株であった。

症状は激しい腹痛にはじまり、後に重篤な出血性下痢を示した例であった。

Vero細胞の誕生

清水文七千葉大学名誉教授の『ウイルスの正体を捕らえる』（朝日選書）の序章にVero細胞誕生のまつわる挿話がある。

安村美博独協医大名誉教授が千葉大学医学部細菌学教室でポリオウイルスワクチンに取り組んでいるポスドクの頃の話である。国内では一九五九年から六一年にポリオの大流行があり、国産のワクチンが一刻も必要な時代であった。動物のなかでも、猿の腎臓細胞が、人の病気の原因となる多くのウイルスを増殖させることが知られていた。しかし、猿のほとんどが外来の泡状ウイルスを持っていて、せっかく培養した細胞も使い物にならないことがよくあった。

そのうちに、アフリカミドリザルの腎臓細胞の方が外来のウイルスをもっている率も低く、かつ、ポリオウイルスもよりよく増えることがわかった。それから三年の歳月を要し、ついに一八番目に供試した腎臓細胞から細胞継代に成功し、株化細胞が誕生した。教授は、その頃傾倒していたエスペラント語で緑を表すVerdaと腎臓を表すRenoをあわせてVeroヴェーロ（真理の意）と命名した。一九六二年の春のことであった。

Ｖｅｒｏ毒素産生性大腸菌の発見

大腸菌の組織培養細胞に対する細胞毒性を研究していたカナダの Konowalchuk らは一九七七年、小児下痢症由来、子豚の下痢症由来およびチーズ由来などの大腸菌一三六株のうち一〇株がＶｅｒｏ細胞に毒性のあることを発見した。

血清型は小児下痢症由来ではＯ２６が三株で最も多く、Ｏ１８、Ｏ１１１、Ｏ１２６、Ｏ１２８、豚由来ではＯ１３８、チーズ由来はＯ２６、Ｏ６８であった。

こうしてＶｅｒｏ細胞に毒性のある大腸菌のことを Verotoxin Producing *Escherichia coli*（ＶＴＥＣ）と呼称された。

Ｖｅｒｏ毒素の種類

Ｖｅｒｏ毒素（ＶＴ）はＶＴ１とＶＴ２に区分される。さらにＶＴ２は六種類のサブタイプが報告されている。そのうちＶＴ１は赤痢菌が産生する志賀毒素（ＳＴ）とアミノ酸レベルでは一残基しか違いがない。ＶＴ２はＳＴとは物理化学的性状や免疫学的性状が異なり、ＳＴの抗毒素には中和されない。現在、ＶＴはＳＴと分子構造が類似していることから Shiga-toxin family として統一することが提唱され、新しい論文ではＳＴやＳＴＥＣと呼称されつつある。このため、この章でもＳＴと記載する。

O157：H7は腸管出血性大腸菌

一九八三年に Jhonson らによってカナダで発生した集団食中毒から分離されたO157：H7がSTを産生していることが判明した。

同年 Karmali らによりSTやSTECと溶血性尿毒症症候群（HUS）との関連性が指摘され、急速にST関連の研究の集積が進んでいく。

HUSは一九五五年に Gasser らによって報告された急性腎不全、微少血管性溶血性貧血、血小板減少を三主徴とする症候群である。

牛とO157：H7

オレゴン州、ミシガン州で発生した事件でO157：H7が分離された食材が牛肉だったことから、腸管出血性大腸菌と牛との関連についての調査が開始された。

米国の調査でも一九八〇年代初めまでに収集した家畜由来大腸菌約二〇、〇〇〇株のなかに本菌型はまったく存在しなかった。

一九八七年の遡り調査の結果、牛では一九七七年にアルゼンチンで一～三週齢の大腸菌症の子牛一三頭中一頭から三株が分離されたのがO157：H7に属する最初の株である。

一九八六年四月、カナダのオンタリオ州で、四歳と五歳の幼稚園児六〇名と成人一四名が酪農場を訪問し、未加熱の牛乳を飲んだ。その多くが水様性下痢を四八名が胃痙攣をおこし、園児三名が溶血性尿毒症症候群になった。患者四三名の便からO157：H7またはSTが証明され、診断が確定した。農場の六七頭の健康牛から糞便を採取して検査した結果、二頭の牛からO157：H7のSTECが分離された。この事例により牛がO157：H7を保菌し、人への感染源となる可能性が証明された。

岡山県邑久町の事件

一九九六年五月二八日に岡山県邑久（おく）町において、保健所に食中毒様症状患者発生の届け出があった。その後の調査では四六八名の患者が認められ、二六名が入院した。六月の上旬には六歳の女児二人が犠牲となった。最初に亡くなった女児は五月二十五日頃から入院治療を行っていたが溶血性尿毒症症候群（HUS）を併発し死亡した。細菌検査では、ST産生性O157：H7が学童や教師から分離された。しかし、事件が判明した時は、すでに検食用として保存されていた食品は処分され、原因食品を特定することはできなかった。

病原大腸菌O157：H7の国内での発生は、一九九〇年埼玉県浦和市の幼稚園で患者数三一九名、死者二名の集団下痢症事件があったことに遡る。この例は汚染された井戸水が原因となったもので園側の不適切な衛生管理が背景にあった。邑久町の例は一一番目の発生であることが判明した。

その年は全国で爆発的発生がみられた。厚生省の調査では、この年の患者総数は一七、八七七名、無症状保菌者一、四七五名、死者一二名。特に大阪府堺市では小学校給食がO157：H7

に汚染したために、一〇、〇〇〇名を超える患者が発生し、世界最大の歴史的な事件として各国のマスコミで取り上げられた。

国内の牛のO157:H7保菌率

国内でのO157:H7の保菌調査は、一九九五年に全国食肉衛生検査所協議会が報告した成績が最初の大規模なものである。全国（四六都道府県）のと畜場に搬入された健康牛四、九一四頭のうち保菌率は六頭由来六株（〇・一二％）であった。

一九九六年夏に西日本を中心にO157事件がメディアを席巻している頃、農林水産省衛生課から各県の家畜保健衛生所が所有する大腸菌保存株の抗原性状の調査依頼があった。この時の調査結果では四七都道府県で五、六一八株（牛二、三八一株、豚二、六一九株、鶏六一五株、その他三株）中O157:H7に属する株は検出されていない。ちなみに沖縄県の株はすべてわたしが検査したが二〇七株すべて陰性であった。

その後、緊急に牛の保菌実態調査（八月六日〜一〇月二八日）が衛生課の依頼で全国の家畜保健衛生所で行われた。その結果、一、三四一農場、五、二〇〇頭の牛の保菌は三二頭（〇・六二％）であった。ちなみに本県では一農場一頭から分離され、同農場の堆肥からも一株分離されている。

検査方法の進展

その後、O157の検出法が改良され種々の抗菌剤を含む分離培地、増菌培地、免疫磁気分離法、免疫拡散法などが個々にあるいはそれらを組み合わせた分離法が開発されてきた。

特に一九七九年に開発された高分子ポリマー粒子を使用した免疫磁気分離法は、O157菌体をその抗体を吸着させた磁気ビーズと抗原抗体反応で固定させた後、磁石で集菌させる方法である。選択分離培地と組み合わせることにより検出率を飛躍的に向上させた。

さらにPCR法を用いたSTの検出のための簡易・迅速キットが各社から市販され、O157やその他の腸管出血性大腸菌の検査精度は従来法に比較して飛躍的に高まっている。

O157保菌動物

牛以外の保菌動物として羊、山羊、鹿などが報告されている。反芻動物が本菌の生態学的ニッチであることが指摘されている。反芻獣以外では豚が本菌を保有している。動物衛生研究所の中澤宗生ズーノーシス室長が国内の農場飼育豚のO157：H7保菌状況調査を行っている。これによると健康豚二二一頭中三頭（一・四％）から本菌が分離され、そのファージ型は21、37および43であった。21型は国内での人や牛から頻繁に分離されている。また、米国、英国およびノルウェーのと畜場出荷豚の保菌率は二・〇％、〇・二％および〇・一％とそれぞれ報告されている。これまでに分離報告のあるO157保菌動物菌は反芻獣以外には、単胃動物として馬、ポニー、豚、犬、猫、ネズミ、野ウサギ、イノシシ、アライグマ、オランウータン、オポッサム。鳥類はハト、カモメ、ガチョウ、七面鳥などである。

O157以外のSTEC

O157以外の種々の血清型のSTECが報告されている。人ではO157：H7以外で頻繁に分離されている血清型はO26：H11、O91：H21、O111：H–、O121：H19がある。なかでもO26：H11とO111：H–は病原性が強いことで知られ、人のSTEC感染症の九五％以上がO157、O26およびO111の三血清型で占められている。

牛では中澤らが一九九四年に行った調査では、全国各地から収集した子牛六三八頭由来大腸菌二、五四八株のうち、一二四頭（一九・四％）由来の二五三株（九・九％）がSTECと同定された。これらの株は五〇以上の血清型に型別されている。このうちO26：H11の分離頻度が圧倒的に高くSTECの三二、八％を占め、次いでO5：H1、O116：H21、O145：H1、O157：H7の順であった。O157：H7は五頭（〇・八％）から分離されているが、国内最初の分離株は一九八一年に栃木県下の牧場で飼育されていた一ヶ月齢の子牛の下痢便由来である。

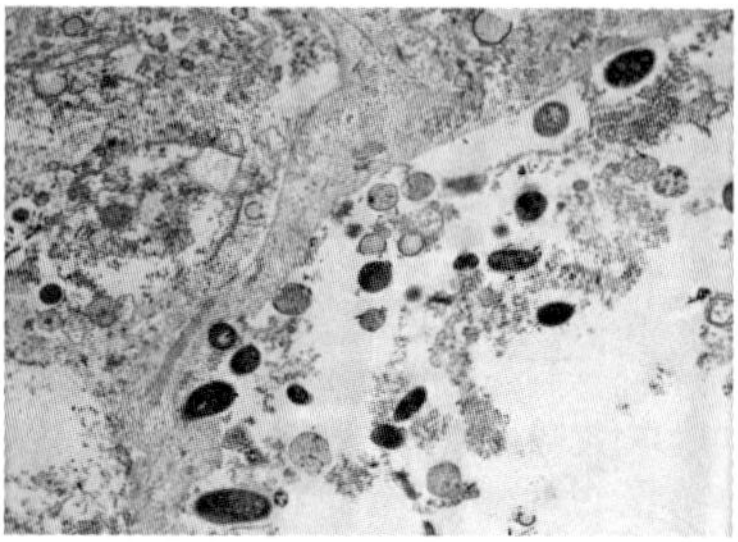
STEC O26感染で死亡した子牛盲腸の電子顕微鏡写真

分離されたSTECのうち、腸管の病理学所見から子牛下痢の原因菌と確定できた菌型はO5：H1とO26：H11であり、これら以外の血清型は病理学的検証が得られておらず、下痢との関連は明らかにされていない。

沖縄県の子牛下痢由来ＳＴＥＣ保菌調査

沖縄県では著者らが一九九四年～一九九七年に行った四日齢から六八日齢までの黒毛和種の下痢子牛からのＳＴＥＣの保菌調査では、一九頭由来三三株が分離された。血清型は分離株数の多い順にＯ１１１：Ｈ１、Ｏ２６：Ｈ１１、Ｏ１１１：Ｈ１９、Ｏ２６：Ｈ１、Ｏ１１３：Ｈ１９、Ｏ１１９：Ｈ１、Ｏ１２４：Ｈ１であった。しかし、市販の免疫血清で型別できない型別不能株が約三分の一を占めていた。分離株の性状と疫学調査から、Ｏ２６とＯ１１１に属するＯ群が分離された個体はより重篤な症状を示していた。

市販免疫抗血清の限界

現在、大腸菌の型別用抗血清は市販（デンカ生研）の病原大腸菌免疫血清が常用されている。しかし、報告されているＯ群一七四種のうち、これまで病原学的に分離頻度の高いとされる五〇種（二八・七％）しか供給されておらず、残りの七割強のＯ群の場合は型別不能になる。また、この抗血清は主に人由来株の同定を目的に供給されているため、動物由来株はさらに型別できない例が多くなる。このため、すべての免疫血清を常備している国立感染症研究所などに型別依頼をしなければならない。

現在まで人、動物および食品等から分離されているＳＴＥＣの血清型はＯ群だけでも約一〇〇種類の報告があり、これにＨ群を組み合わせた血清型を入れるとかなりの種類になる。このため、

ＳＴＥＣが分離されてもその他の病原因子の検査を行わなければ病原学的意義付けが困難な例に遭遇することが多くなりつつある。

なお、ネット上では MICROBIONET のホームページ（http://www. microbionet. com. au/frames/home/home. html）でこれまで世界各地で報告されたＳＴＥＣのリストを見ることができる。血清型、由来、国名、報告年、報告者および参考文献などが掲載されている。

eae 遺伝子

ＳＴＥＣの病原因子としてＳＴの他に重要なものにインチミンがある。インチミンはＬＥＥ（locus of enterocyte effacement）と呼ばれる染色体領域の病原性遺伝子カセットにある *eae* 遺伝子がコードする 94kDa の外膜タンパク質である。インチミンは大腸粘膜上皮細胞に接着して、微絨毛を破壊消滅させるＡＥ障害（attaching-effacing lesion）を形成する。*eae* 遺伝子は Jerse らによって腸管病原性大腸菌（ＥＰＥＣ）のカテゴリーに属する大腸菌Ｏ１２７：Ｈ６で最初に見いだされた遺伝子である。ＳＴＥＣの中でも病原性の強い株はほとんどが *eae* 遺伝子を保有する。

Ｏ５、Ｏ２６およびＯ１１１

公衆衛生学的に出血性大腸炎やＨＵＳなどの強い病原性をもたらすＯ１５７：Ｈ７であるが、動物の場合感染しても成牛はもちろん子牛にもほとんど影響は認められない。実験的に子牛にＯ

１５７：Ｈ７を経口投与して下痢を惹起させることは可能であるが、大量の菌数を必要とする。
野外症例において下痢の原因として病理学的にもＯ１５７：Ｈ７が関与したと確証のある例は全国的にも極めて少ないのでないかと考えられる。
これまで報告されたＯ１５７の感染実験によれば、三〜一四週齢の子牛一七頭と一二カ月齢以上の牛一二頭に10^{10}個／ＣＦＵを経口投与した場合、子牛一七頭四頭に一過性の下痢がみられたほかまったく以上は認められず、また、子牛四頭の下痢についても投与菌の関与は否定的に考察されている
獣医領域の臨床現場で問題となるのはＯ１５７：Ｈ７ではなく、むしろ前出のＯ５、Ｏ２６およびＯ１１１の各Ｏ群血清型が関与する子牛の下痢である。いずれの場合も重篤の症例では鮮紅色の血便を呈し、予後不良で死亡率も高い。これについては、国内でも野外での症例報告がなされている。

山羊のSTEC保菌実態

著者は一九九六年〜一九九八年にかけ琉球大学農学部日越博信名誉教授、中澤博士らと共同研究で沖縄本島内の健康成山羊のＳＴＥＣ保菌実態と薬剤耐性の調査を行った。

一一市町村二五農場で飼育されている一一六頭の個体の糞便を現場で採取し、一頭当たり五個〜二〇個の大腸菌を分離した。供試大腸菌一、三六一株のうち逆受身ラテックス凝集反応により

ＳＴの検出と毒素型別を行った。分離成績は一三農場（五二・〇％）、三六頭（三二・〇％）由来二〇四株（一五・〇％）であった。二〇四株のうち無作為に一頭当たり一〜四株を選択し、合計八八株について各種性状を調査した。

ＳＴ型別ではＳＴ１産生四一株（四六・六％）、ＳＴ２産生六株（六・八％）、ＳＴ１・ＳＴ２産生株四一株（四六・六％）であった。

Ｏ群型ではＯ１、Ｏ６、Ｏ２２、Ｏ２７、Ｏ４８、Ｏ７５、Ｏ７６、Ｏ７７、Ｏ７８、Ｏ８２、Ｏ９１、Ｏ１０３、Ｏ１１１、Ｏ１２３、Ｏ１２５、Ｏ１２７、Ｏ１２８、Ｏ１４６、Ｏ１５８およびＯ１６２の二〇種類に区分された。血清型は全部で二七種類であり、ｒｏｕｇｈ型が九株、型別不能株（ＯＵＴ：Ｈ１９）は一株であった。

このうち市販の抗血清で型別できた株は約半数の四三株（四八・九％）であり、他の四四株はスペインのBlanco博士から入手した抗血清を用いることにより型別が可能になった。

eae遺伝子はＯ１０３：Ｈ７とＯ１１１：Ｈ－からそれぞれ二株と三株づつ検出された。

この調査の結果、驚いたのはＳＴＥＣ陽性農場と陽性個体の多さであった。ドイツなどの諸外国の報告などから、山羊のＳＴＥＣの分離頻度が牛に比較して高いということはある程度想定できたが、品種や飼育環境の違いなどがあり、どういった成績になるか興味のもたれる試験であった。さらに、同一個体から三種類の異なるＯ群が分離される例もあり、山羊が保菌するＳＴＥＣの多様性が確認できた。

最新の知見

既述のとおりO157：H7をはじめとするSTECは検査方法の精度が向上したことにより、以前の報告に比較して最近の報告では分離率が高まってきている。

牛の保菌状況についての英国エジンバラ大学のNaylorらの最新の研究成果により、サンプリング部位は直腸便そのものよりも肛門により近い直腸末端の粘膜からスワブで採取した検体が約二倍分離率が高まる成績が得られている。

O157：H7の排菌と飼料

米国コーネル大学のDiez-Gonzalezらは『Science』誌で以下の論文を発表している。

穀類（濃厚飼料）を多給された牛は乾草（粗飼料）給与牛に比べ、大腸（結腸）内が低pH状態になり、耐酸性の大腸菌の保有率も高く、総大腸菌数も有意に高い。しかし、これを短期間粗飼料に切り替えるだけで総大腸菌数は急激に減少した。

これについては、前出の中澤らも同様な実験を行い、濃厚飼料給与牛の総大腸菌数およびO157：H7の菌数は乾草給与牛に比べかなり多く、かつ排菌期間も長期におよび、牛に給与する飼料の種類によって、大腸菌の排菌が著しく変動することを確認している。

また、牛への長期間の乾草のみの給餌は生産性の低下を招くことから、畜産経営上実施しにくいことから、と畜場への出荷予定牛に対して、短期間（出荷前の五～七日間）乾草のみを給餌することを提案している。

O157：H7保菌牛への生菌剤の投与

動物衛生研究所九州支所の大宅辰夫ユニット長はO157：H7実験感染牛の排菌の動態と生菌剤投与による排菌阻止の研究を行っている。

大宅博士らが開発したのは、ストレプトコッカス・ボビスLCB6株又はラクトバチラス・ガリナルムLCB12株を有効成分とする排菌阻止剤（特許第三三五三〇六三号）である。

四カ月齢のホルスタイン種牛八頭に大腸菌O157：H7を実験感染させ七日後に排菌を継続した四頭の保菌牛に生菌剤を経口投与し、大腸菌のO157：H7の排除効果を調べた。生菌剤投与により糞便の大腸菌O157：H7の排菌は完全に阻止され、再排菌も認められなかった。実験期間中、糞便中VFA濃度を定量したところ、排菌阻止は生菌剤投与により糞便中VFA、特に酢酸濃度の急激な上昇と相関していた。また、実験感染で感染しなかった四頭の糞便中VFA濃度は、感染実験前後で感染した四頭に比べ有意に高かった。

第一〇話

9 1/2

『8½ Otto E Mezzo』

一九六三年　イタリア

監督：フェデリコ・フェリーニ

キャスト：マルチェロ・マストロヤンニ

　　　　　アヌーク・エーメ

　　　　　クラウディア・カルディナーレ

国名の付けられた病気

病気の名前として一国の名称が使われるのはきわめて珍しい。

日本脳炎 Japanese encephalitis はこの希有な例の一つである。

もちろんゼノフォービア（外国人蔑視表現）でいう梅毒がフランスでは「ナポリ病」と称され、かたやイタリアでは「フランス病」、またはスラングの「スパニッシュ・ガウト Spanish gout」と揶揄されるのとは格が違い、れっきとした正式名称である。

日本脳炎ウイルス

日本脳炎ウイルス（ＪＥＶ）は一九三五年、谷口腆二、笠原四郎らにより脳炎症状を起こした人患者の脳からマウスを用いて分離された。患者の名前はその後、中山株として継承されている。同年、馬の脳脊髄炎が全国的に発生し、家畜衛生統計によれば、疑似を含めて三〇〇〇余頭の発生となっている。

一九三七年には城井尚義らが脳炎症状を示す馬の脳からＪＥＶを分離し、馬脳炎の原因となることを明らかにしている。翌一九三八年にはコガタアカイエカからＪＥＶが分離され、吸血昆虫による媒介が確認された。

一九四七〜一九四八年には、人と馬の日本脳炎の流行とほぼ同じ時期に豚の死流産が多発した。一九四八年の夏に多くの研究者により豚の死産胎子、母豚の脳からウイルス分離が試みられ、数株のＪＥＶが分離された。その後、農林水産省家畜衛生試験場（動物衛生研究所の前身）の清水武彦らは一九四九年、一九五五年にＪＥＶが豚の死流産の原因となることを明らかにしている。

ＪＥＶはフラビウイルス科フラビウイルス属に属している。このウイルスは節足動物（カやマダニ類など）により人や脊椎動物に伝播するウイルスであるアルボウイルス（arthropod-bornevirus）の一種である。フラビウイルスの仲間には野口英世を死に至らした黄熱ウイルスや近年脚光を浴びているウエストナイルウイルスがある。ＪＥＶの宿主域はきわめて広く、哺乳類をはじめ鳥類、爬虫類に至るほとんどの動物種に感染する。とくにサギ等の野鳥は抗体保有率が高く自然界ではレゼルボアとしての役割を果たしていることが明らかになっている。

しかし不顕性感染が大多数であり、自然感染では人、馬、牛および山羊に脳炎をおこすが、牛と山羊における発生はまれとされる。

牛ではこれまで国内では茨城県の黒毛和種（一九四九年）、神奈川県の乳牛（一九五一年）、千葉県の黒毛和種（一九九六年）の三例の発生報告があるのみである。千葉県の例は一八カ月齢の繁殖牛が食欲廃絶、泡沫性流涎を呈し、発症から二日後に歩様異常および聴覚障害を主徴とする中枢神経の異常を呈して起立不能になった症例である。病理組織学的にも脳では単核細胞による囲管性細胞浸潤、グリア細胞の集簇がみられ、神経細胞には変性と壊死が認められ、神経食現象も比較的広範囲に観察されている。また、脳乳剤からＪＥＶが分離され、壊死神経細胞および神経突起にＪＥＶ特異抗原が検出されている。

山羊では一九四九年に青森県で約五〇頭飼育の牧場で七頭が発症し、最後の発症個体からＪＥＶが分離されている。山羊で興味あることには、中枢神経組織では明瞭な脳炎病変像が認められるが、馬などにみられる興奮症状はほとんどなく、頭部から始まる下行性の麻痺症状が顕著であったとされる（田淵英一ら）。このことから山羊の場合は他の原因による腰麻痺と考えられたり、また病因不明のまま見逃されたりしているものもあるのではないかと述べている。

ＪＥＶは馬、豚、人の順に高い感受性を持っている。発病した馬や人は感染源にならない終末宿主であり、一方、豚はこのウイルスの増殖動物（アンプリファイアー）で他の動物への感染源となる。

豚のＪＥＶに対する感受性は高いが、ほとんどが不顕性感染で終わる。公衆衛生上問題となるのは、増幅動物としての豚であるが、畜産経営上は繁殖母豚の異常産と種雄豚の造精機能障害である。

ＪＥＶの分布と生態

ＪＥＶはソ連極東地域、中国、韓国、日本、フィリピン、タイ、インドネシア、ベトナムおよびインド南部まで分布する。コガタアカイエカ *Culex tritaeniorhynchus* が日本における最も重要な媒介蚊で、夕暮れから明け方に活動する夜間吸血性で主として水田で発生する。ウイルスが夏期にコガタアカイエカから豚へ感染し、豚が高いレベルのウイルレミー（ウイルス血症）を示し、コガタアカイエカ→豚→コガタアカイエカのサイクルを通して増幅され、馬、妊娠豚、人に伝播される。東南アジア地域においてはウィシニイエカ *Culex vishnui*、*C. gelidus*、オビナシイエカ *C. fuscocephala*、シロハシイエカ *C. pseudovishnui* からもＪＥＶが分離されており、これらの地域ではコガタアカイエカ以外 *Armigeres* 属、*Mansonia* 属、*Aedes* 属および *Anopheles* 属もベクター（媒介生物）として考えられている。

沖縄県の蚊の分布

沖縄県衛生環境研究所の平良勝也研究員らは二〇〇四年四月から二〇〇五年三月にかけ沖縄本島五地点と与那国島二地点でのフラビウイルス媒介蚊の分布調査とウイルス遺伝子の検出をおこなっている。

七地点（内豚舎二地点）で採取された蚊は、六属一四種二、八三七個体（雌二、六四六個体、雄一九一個体）であった。この中ではネッタイイエカ *C. pipiens quinquefasciatus* が最も多く、八二三個体で全体の二九・〇%を占めた。ついでオオクロヤブカ *Armigeres subalbatus* 二〇・一%、キンイロヤブカ *Aedes vexans nipponii* 一九・六%、コガタアカイエカ群一五・六%、ヒトスジシマカ *Aedes albopictus* 一三・〇%、シナハマダラカ群〇・五%の順で、上位六種はフラビウイルス媒介蚊であった。

各地点の一回採取当たりの蚊の平均個体数は、与那国町の豚舎が三一・八個で最も多く、ネッタイイエカとヒトスジシマカが多く、この二種で全体の八六%を占めた。次いで大里村（現在南城市大里）の豚舎で一六・一個であり、オオクロヤブカが全体の四八%を占め、キンイロヤブカとコガタアカイエカ群で二四%であった。なお、那覇市の繁華街の久茂地の地点では一・七個と最も採取数が少ない。また、ネッタイイエカは住宅地では一二月から三月にかけても採取され、本県では周年を通して発生があることが確認されている。

なお、東南アジアを中心に人にデング熱を媒介するネッタイシマカ *Aedes aegypti* は、かつてわが国でも熊本県天草、琉球列島で生息が確認されたが、一九七〇年代以降採集されておらず、現時点ではわが国に分布していないと考えられる。

採取された蚊からRT-PCRでのウイルス遺伝子（JEV、ウエストナイルウイルス、デングウイルス）の検出ではいずれのウイルス遺伝子も検出されていない。

増幅動物としての豚

コガタアカイエカは本来人よりも馬や豚の血液に嗜好性があるとされる。

一九五〇年代の後半から一九六〇年代前半に、Scherer ら、大谷明らによって媒介蚊の感染源となる動物（ウイルス保有蚊の数を増やす増幅器の役割を果たすところから、amplifier 増幅動物と呼ばれている）として豚が注目されていたが、一九六五年に今野二郎らによって豚→蚊→人のウイルス伝播サイクルが提唱されて以来、豚は増幅動物としてにわかに重要視されるになった。

コガタアカイエカの吸血により豚の体内に侵入したウイルスは、まず内臓で増殖する。この段階で軽い発熱がみられる程度で一般に障害は起こらない。内臓で増殖したウイルスは血液中に出現し、ウイルス血症（ウイレミー）をおこす。

妊娠豚の場合には、ウイルスが血流にのって胎盤に到達して胎盤感染をおこし、ついで胎子感染をおこし胎子は死亡する。死亡胎子はすぐには娩出されず分娩予定日頃まで胎内に留まることが多い。

雄豚の場合には、ウイレミーをおこしたウイルスは生殖器に到達し、精巣と精巣上体の感染がおこる。

媒介蚊の生態と生理

コガタアカイエカの雌成虫は至適温度である二八℃の条件下（二〇℃以下ではほとんど増殖しない）では羽化後三〜四日で吸血能力をもつようになり、吸血二〜三日後に産卵を開始する。蚊がウイレミーにある豚を吸血することにより感染する。ウイルスは感染三日後頃より増殖し、ウイルス量は約一〇日後に最高になる。感染蚊は生涯の数週間にわたりウイルスを保有し、また吸血によって豚をはじめとする他の動物にウイルスを伝播する。

豚の日本脳炎ウイルス抗体調査

豚がＪＥＶの増幅動物であることから、厚生労働省は感染症流行予測調査事業として、各都道府県の衛生研究所で豚のＪＥＶの抗体調査を行っている。沖縄県では毎年四月下旬〜八月下旬にかけて、と畜場において生後五〜八カ月齢の豚を対象に毎週一回五〇頭ずつ行われている。新鮮感染を示す2―ＭＥ感受性抗体であるＨＩ抗体を測定し、調査豚の陽性率が平均五〇％以上でかつ2―ＭＥ感受性抗体を保有する個体が一頭でも検出された段階で日本脳炎注意報を出す。一九九〇年以降の成績では一九九八年の四月二一日が最も早く、二〇〇五年の八月二九日が最も遅い。五月が六回、六月が六回、七月が二回、八月が一回となって、五月から六月にほぼ集中している。

9 1/2

豚は一回に何頭の子豚を出産するのだろう。

ギネスブックによると、オーストラリアの農場で三七頭の出産記録がある。三六頭が生きて出生し、三三頭が生存し、育ったという。

初産豚の一回当たりの平均産子数は、品種や飼養管理の違いにより多様なデータが提示されているが平均して八〜一一頭で約九・五頭である。

初産の場合、産子数は少なくなるが四〜六産でピークを迎える。妊娠期間が一一四日であるから、平均して年間に二・五回の分娩が可能である。

豚の死流産はいろいろな原因で起こるが、特に初産の産子数に重大な影響をもたらすものが日本脳炎である。

家畜保健衛生所の全国調査

一九六九年から一九七〇年に全国家畜保健衛生所統一課題として「豚の死流産実体調査」が、農林水産省畜産局衛生課と北海道から鹿児島県の四〇道府県、四四家畜保健衛生所によって行われた（沖縄県は復帰前のため実施されず）。調査をまとめた藤崎優次郎（前農林水産省家畜衛生試験場）、茨城県の菅原茂美らの成績は以下のとおりであった。

初産母豚六、九九三頭、経産母豚一四、五五八頭を対象にした年間月別死流産は地域によって多少異なるが、初産豚の産子からみた発生率は、九月と一〇月の二四％が最も高く、ついで八月と一一月の一四％であった。七月および一二月から翌年六月までは五～九％で、特に目立って高い月はなく、年間平均発生率は一一％であった。

さらに、種付け前、妊娠中期、分娩後の三回採血して妊娠中におけるＪＥＶ感染の有無を調べた結果、日本脳炎非感染群の産子異常発生率一・七％に対して感染群は四一％を示したことから、妊娠豚がＪＥＶの初感染を受けた場合には、分娩子豚の約四〇％に死流産が発生すると結論付けている。

診断

豚の異常産の病性鑑定があった場合は、まずウイルス性では日本脳炎、豚パルボウイルス病を疑う。両者は発生時期や病変などからの類症鑑別は不可能である。

発生農家へ行ってまずやるべきことは子豚および胎子の確認である。

日本脳炎は分娩予定日前後に異常子を娩出する例が圧倒的に多く、通常はいろいろな所見を示す子豚が娩出されることが多い。まったく健常な正常子や妊娠末期に死亡したと考えられる白子、皮膚や内臓が暗褐色を示している黒子、ミイラ化胎子など。一腹の胎子が全部黒子の場合もあるが、いろいろな段階のものが混在して出てくることが多いとされている。分娩後生存している異常子は痙攣、震顫、旋回などの典型的な神経症状を示す。神経症状を示す異常初生豚の出現はJEVによる異常産の特徴の一つである。

ウイルス分離率が最も高いのは生後神経症状を呈している新生子豚や死亡直後の子豚の実質臓器、特に脳である。次に妊娠末期まで生存していた白子の材料である。これらの材料は直ぐに冷蔵保存し、後の実験室内でのウイルス分離等の検査に用いる。病性鑑定依頼の経験のある農場では異常産があった場合は保冷する事が浸透しているため、新鮮材料が入手できることがある。

次いで抗体検査を行うために母豚を採血する。

母豚が妊娠中にJEVに感染しても、ほとんど臨床症状は示さず不顕性感染で経過する。このため、異常産の数日前になんらかの臨床症状を示した場合はむしろ他の感染症が原因として考えられる。

分娩後の血清が抗体陰性の場合には日本脳炎は否定できるが、問題は抗体陽性の場合であり、現実にはこの例が多い。感染症のなかには抗体が陽性になった場合は確定診断に直結する例もあるが、沖縄県は周年を通しＪＥＶが浸潤している可能性があるため、抗体陽性の場合には、疫学および病理組織学的所見を総合してＪＥＶの感染を推定できるが、日本脳炎として確定診断はできないことが多い。

胎齢五〇～七〇日以上の胎子からは抗体産生能を獲得するので、死産胎子の心臓血液、腹水、胸水などの体液から抗体が検出されれば日本脳炎と診断できる。

二〇〇四年四月にあった最新の豚の日本脳炎の病性鑑定事例を紹介する。

二〇〇四年二月一〇日分娩予定の初産豚が長期在胎で三月二一日に黒子一頭、ミイラ胎子七頭、計八頭娩出。三月二二日に農家より病性鑑定の依頼があり、同日立ち入り検査。当該母豚および同居豚三頭の血液採材。黒子の剖検を実施。

日本脳炎のＨＩ抗体検査で胎子体液八〇倍、当該母豚六四〇倍、同居豚三二〇頭一頭、一六〇倍二頭。以上により豚の日本脳炎と診断する。

雄の繁殖障害

雄豚が感染すると、精巣や精巣上体に到達したウイルスが増殖し、造精機能障害などの繁殖障害が生じる。

臨床症状は二峰性の発熱、食欲減退、交尾欲の減退、陰嚢の充血、腫脹、精巣および精巣上体の腫脹、萎縮および硬結などが認められる。陰嚢の腫大などをおこした豚は精子数の減少、精子生存率や奇形率の低下などを示し、重症例では無精子症となる場合もある。陰嚢腫大後の初期（五日以内）の精巣からはＪＥＶが高い確率で分離される。

減少する日本脳炎

国内では人は過去には年間一、〇〇〇人以上の超える患者発生があり、致命率も三〇～五〇％の範囲内にあった。一九五〇年には五、一九六人の患者が報告され、それが近年では一九六六年の二、〇一七人をピークに減少し始め、一九九二年以降は毎年一〇人未満になり、一部の患者を除き高齢者を中心とした発生が続いている。地域別をみると、九州地方が多く全体の約四五％を占め、次いで近畿地方が多い。沖縄県をみると、一九九八年に一八年振りに患者一人の発生（全国で四名）があった。この患者の発生概要は以下のとおりである。

患者は男性、五〇歳。一九九八年九月二一日、後頭部に硬直感。九月二二日、発熱、腰痛、鼻水があり、受診。九月二三日、右手に違和感。九月二四日、意識障害で入院。一〇月二日、日本脳炎と診断（琉球大学ウイルス学教室）。一〇月二五日、退院（軽度の後遺症あり）。

自宅および職場周辺に豚舎はなく、豚舎に立ち寄る機会もなかった。九月一二日に嘉手納マリーナ（嘉手納町）で夜釣りをしているが、その時に蚊が多かったとの稟告がある。

豚は一九九八年〜二〇〇六年の全国統計では一戸一頭〜四戸六頭の範囲で推移しており、八年間で一五戸三一頭になっている。県内では二〇〇四年四月に一戸一頭の発生があるのみである。

馬の日本脳炎は国内では一九八五年三頭の発生があって以来、報告はなかったが、二〇〇三年九月に鳥取県で一戸一頭の発生報告がある。

二〇〇三年春に北海道から導入された二頭の北海道和種系種（道産子）のうち一頭が八月一五日より軽度の食欲低下を示す、一六日夕方より起立時にふらつきがあった。一七日起立困難となったため、補液、抗生物質による治療を行ったが、一八日早朝、死亡しているのが発見された。病性鑑定の結果、病理組織学所見は、中枢神経系では単核細胞による髄膜炎、囲管性細胞浸潤、壊死巣、グリア結節および出血巣が認められた。灰白質では神経細胞の変性像が散見され、神経食現象もまれに確認された。病変は脳幹部でより重度であった。病原学的検査では大脳よりＪＥＶが分離され、ＲＴ-ＰＣＲでもＪＥＶ遺伝子が検出された。同居馬の抗体検査（前血清八月一八日、後血清九月九日）ではＪＥＶの中和抗体が一〇倍未満から六四〇倍の有意な上昇があった。以上により本症例を馬の日本脳炎と診断している。なお、当該馬は日本脳炎のワクチンは未接種であった。

日本中央競馬会の杉浦健夫博士らが一九九一年から一九九七年にかけて全国の地方競馬で行った調査によれば、発症馬こそなかったが感染を推測される高い抗体価を保有している個体が存在し、毎年国内で競走馬に感染していることが示唆されている。競走馬については不活化ワクチンの励行を徹底することを啓蒙している。

JEVの感染環としての野生動物

ＪＥＶの増幅動物として野生動物の役割が指摘されている。県内でも琉球大学医学部ウイルス学教室の斉藤美加助手らが沖縄島に棲息するマングースの調査を行っている。

二〇〇一年から二〇〇四年にかけて捕獲されたジャワマングース *Herpestes javanica* 一〇二頭から血清を採取し、ウイルス分離と抗体調査を行った。その結果、ＪＥＶは分離できなかったが、中山株をはじめとする複数のＪＥＶ株に対する中和抗体の保有が確認されている。

また、沖縄県衛生環境研究所の仁平稔研究員らは一九九七年から二〇〇五年にかけて沖縄本島北部（九九検体）と西表島（二七検体）のリュウキュウイノシシについてＪＥＶのＨＩ抗体とＥＬＩＳＡ抗体調査を行った。

本島北部では四二頭（四二・四％）の抗体陽性（率）で、抗体価は一〇〜五、一二〇倍、西表島ではそれぞれ一頭（三・七％）、二〇〜四〇倍であった。両地域の抗体陽性率に有意の差がみられた原因として、本島北部に養豚場が多数あるのに比べ、西表島では養豚場が存在しないことを挙げている。

第一一話

ロッキーの謎

『ロッキー　Rocky』
一九七六年　アメリカ
監督：ジョン・G・アヴィルドセン
キャスト：シルベスター・スタローン
タリア・シャイア
バート・ヤング

リングへの招待

小学校の三、四年生あたりから高校の半ばまで、絵に描いたようなオタク生活を過ごした。明けても暮れても、ボクシングとプロレスの魔力にどっぷり浸かってしまった。昭和三〇年代の半ばに全盛期を迎えたこれらの番組は、ほぼ毎日放映があり（ＮＨＫでも一時期ボクシングの放映があったという）、ブラウン管の前で絶叫する日が繰り返されていった。専門誌の発売が待ち遠しく、台風などで少しでも入荷が遅れたら、まさに気も狂わんばかりであった。

なかでも一番のお気に入りだったのが、月刊『ゴング』誌である。『ゴング』は一九六八年の五月に創刊されている。それまではベースボール・マガジン社の『プロレス＆ボクシング』が唯一無二の専門誌であった。しかし、この後発誌の黒を基調とした表紙の構図や斬新な紙面作りにはいつも目を奪われた。表紙のゴングの文字の下には「INVITATION to RING」と書かれたサブタイトルがあり、わたしはここで、名詞 invitation の後には of ではなく前置詞 to が付くということを実践的に学んだ。

今では、当のわたしも信じられないことだが、毎月ＷＢＡ（世界ボクシング協会）とＷＢＣ（世界ボクシング評議会）二団体の世界ランキング表が巻末に掲載され、フライ級からヘビー級までの一一階級のすべての選手名をチャンピオン以下一位から十位までランキング順に諳（そら）んじていた。

グンジさんの採点

その頃の将来の夢はＴＢＳ放映『東洋チャンピオンスカウト』の名物解説者であり、あの「グンジさんの採点」でお馴染みの郡司信夫氏のようなボクシング評論家になることであった。

ボクシング評論家、何という無益(やくざ)で甘美な響きであろうか。或る日の情景が浮かんでくる。

昼過ぎまで寝て、それからやおら起きだし、スポーツ新聞各紙に目を通す。遅い昼食を摂った後、近くの喫茶店でコロンビアを啜りながら海外航空便で送られたきたばかりの『ＲＩＮＧ』誌を読みふける。やはりナット・フラッシャーの編集はいいね。おっと、もう四時だ。今日は、ヨネクラジムで柴田国明の公開スパーのある日だ。天才王者の仕上がりと世界戦の見どころについて、松ヤニの匂いのするリングサイドで東スポ記者と意見を交わす。練習終了後のチャンプに気軽に声をかけられるのも一流評論家の特権だ。「やっこさん、まだリミットまで一・二kgもあるらしいぜ」減量苦の挑戦者の近況を耳打ちすることも忘れない。フジ系列『ダイヤモンドグローブ』のスタッフと中継の打ち合わせを終え、一一時すぎ帰宅。『ゴング』誌に連載原稿「わたしの体を通り過ぎていったチャンプたち」を五枚書く。深夜、ローランドのシングルモルトをやりながら午前四時就寝。

南国の懶惰(らんだ)の少年は毎日、こんな事を考えながら、ひねもす過ごしていた。

五対五の言い分

『東洋チャンピオンスカウト』では、各ラウンドの終了後、実況の藤田アナがグンジさんにそのラウンドの採点を訊ねる。そして、もっとも多かったのが、「五対五の言い分」であった。

なにせ、年端のいかぬ時分のことですから、「言い分」としか聞こえなかったし、なにかしら承伏しがたいものもあったが、間違いないものと決め込んでいた。

後年、なにかのきっかけでそれが「五分五分の、互角の」の意のイーブンevenと知ったときは、さすがに驚愕しましたね。

実は白状すると、同じような思いこみの野球編もある。

大洋ホエールズと近藤和彦の狂信的なファンであったこれも、子供時分の話。同一カードで勝ち越しなど夢のまた夢の全盛期の対巨人戦。実況アナが、今日も憎らしげに絶叫する。「長島やりました！　今日もまた絶好調、この日三安打の〝片目打ち〟です」

さすが、ミスターと呼ばれるほどのやつは器用なものだ。片目をつぶってもヒットが打てるとは。……ウム、今度俺もやってみよう。

謎の提起

山陰の大学から帰省中に、今は閉館中の国際通りから少し中に入った「グランドオリオン」で『ロッキー』（76年）を見た。

わたしは今でも「イタリアの種馬」ことロッキー・バルボアの真の敗因は、チャンプのポアロ・クリードの膂力が一枚上手であったためとはどうしても思えない。

たとえ世界の数千万の人間が「エイドリアーン！」とロッキーの叫ぶラストで一斉に号泣しても、少年時代から筋金入りのボクシング見巧者であったわたしの目はごまかせない。

館内を乱舞する熱狂がまだこもるクレジットのエンドロールが流れる傍ら、わたしにはある謎が体の中に過ぎっていった。

ロッキーは毎朝ロードワークの前に飲んでいたあの生卵から実は経口的にサルモネラを摂取したのでないか？

ロッキーは飼っていたあのカメから手指を介して実はサルモネラの感染を受けていたのではないか？

ロッキーはアパートメントのネズミやゴキブリなどの衛生害虫から実はサルモネラの感染を受けていたのでないか？

ロッキーはサンドバッグ代わりにしたあの牛枝肉から実はサルモネラの経皮感染（経口感染）を受けたのでないか？

では、まずサルモネラについての一般的な予備知識を仕込み、検証することにしよう。

ラウンド1　サルモネラとはなにか？

病原性細菌が食品を介して人に食中毒を起こすことが明らかになったのは、サルモネラが最初である。

一八八八年五月 Gartner は Thuringen 州（ドイツ中部の州）、Frankenhusen で下痢を呈して食肉処理された子牛の生肉八〇〇gを摂取して翌日死亡した二一歳の男性の脾臓から *Salmonella* Enteritidis（当時の菌名は *Bacillus enteritidis*）を分離し、これが腸炎（enteritis）の原因菌と指摘した。

ラウンド2　サルモネラの血清型

サルモネラはグラム陰性の短桿菌であり、腸内細菌科に属する。大腸菌と同様、菌体抗原（O抗原）六七種類と鞭毛抗原（H抗原）（二相性）八〇種類の組み合わせによって、血清型が型別されている。ただし大腸菌と違うのは、大腸菌がO157：H7やO26：H−など無機的な名前が付けられているのに比べ、サルモネラは国際腸内細菌委員会のとりきめにより一九三四年以後はその菌が最初に分離された国または地域名をつけるよう規定されている。国内では Sendai、Mikawashima などが血清型の名前として付けられている。

パストゥール研究所が二〇〇一年に発表したサルモネラの二菌種（*Salmonella enterica*
Salmonella bongori）、六亜種の血清型のうち *S.enterica* に属する *S.enterica* 一、四七八、*S.salmae*

四九八、*S.arizonae* 九四、*S.diarizonae* 一三七、*S.houtenae* 七一、*S.indica* 一一。*S.bongori* 二一の合計で二、五〇一血清型がある。なお、現在では血清型名は亜種 *enerica* のみ固有名を付ける。血清型は菌種名がイタリックであるのに対し、通常の書体で表記される。

これらの六亜種のうち、人、家畜および家禽から分離されるものは *enterica* と *arizonae* に属する。

ラウンド3　サルモネラの原因食品

国内の二〇〇五年の食中毒発生事例によると、食中毒事件総数は一、五四五件、うち一、〇六五件が細菌を原因とする事件である。そのなかでサルモネラによる事件は一四四件あり、食中毒事件全体の九・三%、細菌性食中毒の一三・五%を占め、*Campylobacter jejuni/coli* の六四五件に次いで二番目に多く、患者数では三、七〇〇名（死者一名）では最も多い。これに下痢症の散発事例、診断や報告されていないものを含めると感染者はさらに膨大な数に昇るものと推察される。

サルモネラによるとされる食中毒事例の原因食品はなんだろう？

二〇〇三年の食中毒発生状況からの算出したデータでは、原因食品の判明したものの総数六四件のうち、卵が関係している食品四〇件、鶏肉が関係している食品六件、鶏肉以外の肉類が関係している食品一二件。六四件の内約九〇％を卵を中心とする畜産物が占めている。

Salmonella Enteritidis（ＳＥ）は歴史的に牛肉から分離された株で脚光を浴びたように当初は牛からしばしば分離されている。しかし、一九八〇年代の中頃から英国で卵を原因とする集団食

中毒事例をきっかけにSEの分離数が急激に増加した。

ラウンド4　ロッキーと生卵

では、各論にうつって個々の疑問について検証してみよう。

わたしの寝酒の友である『世界の映画ロケ地大事典』（トニー・リーヴス著、齋藤敦子監訳、晶文社）を水先案内にロッキーの舞台を訪ねてみよう。

英国の映画狂が著したこの八〇〇ページを越える大部の本によると、ロッキーが住んでいたのはアメリカ合衆国独立の地ペンシルベニア州、フィラデルフィアの南となっている。ロッキーは早朝、ロードワークに出掛けるが、彼はどこを走っていたのだろう。

彼は夜明けのトレーニングでフィラデルフィア市庁舎［Philadelphia City Hall］の前を走り、9th ストリートのフィデラル［Federal］ストリートとクリスチャン［Christian］ストリートの間にあるイタリアン・マーケット［Italian Market］の中を通過する。そして 26th アヴェニューとベンジャミン・フランクリン［Benjyamin Franklin］アヴェニューの角にあるフィラデルフィア現代美術館［Philadelphia Museum of ModernArt］の六八段の階段を駆け上る。

さて、ロッキーが毎朝四時に起床し、グラスで多量（映画では五個）に飲み込んでいた生卵にはサルモネラがどの程度存在する可能性があるのだろうか。

しかし、アメリカ人はなぜ、ああも多量に卵を食するのだろうか？

トリビアに属するが、スティーブ・マックィーンは『砲艦サンパブロ』（66年）で朝食に半ダースの卵を両面焼き（ターンオーバー）で食べるし、ポール・ニューマン主演の『暴力脱獄』（67年）では、主人公のルーカス・ジャクソンは一時間にゆで卵を五〇個たいらげた。

蛇足ながら、後者の邦題の醜悪さには目を覆わんばかりである。

ラウンド5　米国のサルモネラの実態

培養の結果、サルモネラ症として Centers for DiseaseControl and Prevention 米国疾病予防センター（CDC）に報告されたものは一九七二年の二六、三二六事例が一九九六年には三九、〇三二事例と二五年間で四七％の増加を示していて、SEのみではこの間四五九％の激増である。ただし、映画は一九七六年制作であるから、統計的には当時の人由来サルモネラの血清型は圧倒的にHeidelberg が優勢で、以下 Typhimurium（ネズミチフス菌）、SEとなっている（Saeed ら一九九九年）。世界的にSEが跳梁跋扈するのは一九八〇年代の中頃からで、事実米国でも一九八九年に分離株数で Enteritidis が Heidelberg を僅かに上回り、逆転現象がおこった。またSEの汚染実態として一九九五年時点では廃鶏の五％、鶏群の四五％がSE陽性となっている。

SE感染症は実は新興感染症に属する。最初に分離された血清型であったSEだが一九八〇年以前にはむしろ人への感染例は散発的なものであった。

しかし、ペンシルベニア州を含む米国北東部では人のSE感染が一九七六〜一九八六年の間に著しく増加し、公衆衛生関係者はこれらの発生を殻付き卵や卵料理の消費に結びつけた。SEの出現と増加は毎年のサルモネラ分離報告からも明らかである。一九七二年では全体のわずか六％であり、一九九六年には二五％に増加している。一九七八年には米国で最初にマサチューセッツ州が、サルモネラ症の血清型のなかでSEが占める割合が一五〜二五％になり、一九八四年の資料では、ペンシルベニア州、メリーランド州、ニューヨーク州、ロードアイランド州などがこれに次いでいる。

映画は一九七六年に制作されている。ロッキーは初期の犠牲者のひとりだったのではないだろうか。

しかし、サルモネラ症は主に幼児や高齢者が感染するものではないのかと疑問に感じる諸賢も多いかと思う。次のデータをみて頂く。

一九九六年にCDCはサルモネラ症の年齢別の発生割合を発表している。これによると人口一〇万人当たりの発生率は、〇〜四歳までの乳幼児が六・七名でやはり断然多く、これについで多いのが二五〜二九歳および八五歳以上の三・八名である。一九四六年七月六日生まれのシルベスター・エンツィオ・スタローンはまさに制作時には二九歳であった。

ラウンド6　生卵の汚染度

鶏卵と鶏肉のサルモネラ汚染についての泰斗である英国のT.J.Humphreyのデータ（一九九一年）

をみてみよう。

ＳＥの自然感染が認められた一五農場の五、七〇〇個の卵を検査した結果、三二個（〇・六％）の卵内からＳＥが検出された。菌数は大多数が一〇〇ＣＦＵ／g以下の低いレベルであったが、三個だけはそれぞれ100、1.5×10⁴、1.2×10⁵ＣＦＵ／gの菌数にあった。また卵黄より卵白の陽性率がかなり高かった。

米国では、一九九二〜一九九四年までに実施されたＳＥＰＰ（SE Pilot Project）では、七三八、〇〇〇個を調べ、一万個中二、七五個（〇・〇三％）であった。また、二〇〇〇年の報告では、一年間に生産されるＳＥ汚染鶏卵は〇・〇〇五％と推定されている。

身近な国内の資料からみてみる。市販の殻付き鶏卵のサルモネラ汚染率はどの程度だろうか？

キューピー株式会社技術研究所の今井忠平らは、一九八九年一一月、一二月に日本各地の九九出荷業者より各地の割卵工場に届いた鶏卵について実施した。

一一、〇〇〇個のうち卵殻、中身とも二〇個をプールとして検査した結果、卵殻と中身からそれぞれ三個（〇・〇三％）のサルモネラを分離している。そのうち中身の二個はＳＥであった。

神戸市環境保健研究所の仲西寿男、村瀬稔ら（一九九〇〜一九九二年）は市販鶏卵二六、四〇〇個を検査して、その中の七個（〇・〇三％）からサルモネラを検出している。内六個はＳＥで、菌数は一、〇〇〇個以下／一〇〇g当たりであった。

約三、〇〇〇個に一個といった鶏卵のサルモネラ汚染率は、大規模の検体数などからよく上記の数字が引きあいにだされる。

　感染鶏でも毎日汚染卵を産むわけではなく、二カ月とか一〇〇日に一個しか産まないという。内外の文献をみても、ＳＥに汚染された卵は高くても一％を超えることはないようである。

　では仮に卵がＳＥに汚染されていた場合でもその保存条件によって菌数はどう変化していくのだろうか？

　同じくT.J.Humphrey のデータではＰＴ４（ファージ型４）のＳＥを卵白に接種された卵は、二〇℃保存で約三週間は菌数に特段の変化は認められなかった。これは卵黄膜が卵黄に菌が侵入し、菌の栄養源（特に鉄イオンが重要）となることを阻止する役目があることが影響しているとされる。卵黄膜の変性が認められる三〇日を過ぎると急激に菌数は増加し、10^5～10^6 ＣＦＵレベルの菌数に達する。

　卵内が少数のＳＥに汚染されていた場合は室温でも約三週間は菌数の大きな変動はないようである。

　ロッキーの場合は、適正に冷蔵庫で保管し、しかもその摂取量からして、賞味期限内に消費されていると考えられる。しかし、確率はかなり低いものの、ＳＥに濃厚に汚染された農場で生産され、しかも菌数の多い卵を摂取した可能性もあるのではないのか。

ラウンド7　ロッキーとカメ

ロッキーは飼っていたあのカメから手指を介して実はサルモネラの感染を受けたのではないか？

恋人のエイドリアンがペットショップで働いていたためか、接近する口実としてロッキーは「コフ」と「リンク」という二匹のカメを飼っている。

ＣＤＣの資料によると、ロッキーの舞台となった一九七〇年代、サルモネラ症の約一四％（二八〇、〇〇〇件）がペット用カメを感染源としているとされ大きな公衆衛生上の問題となっている。一九七二年から一九七四年にかけ、ミシシッピー州およびルイジアナ州産の四七四、〇〇〇個体のカメがサルモネラフリーの証明書の発行を受けている。しかし、証明済みの個体でも感染の懸念があったため、一九七五年、ＦＤＡはペット用カメの州間を越える移動と、甲羅長四インチ未満のカメの商業販売を禁止した。このＦＤＡの禁止措置により、年間約一〇〇、〇〇〇件の子供のサルモネラ症の予防に直結したとされる。

米国では、今日三％の家庭でトカゲやヘビなどを含むカメなどの爬虫類を飼っているとされる。そして、サルモネラ発生患者の約六％、年間約七〇、〇〇〇名が爬虫類との接触が原因としているとの統計がある。

カナダでは一九九三年〜一九九五年までの三年間で三二一、〇〇〇件以上のサルモネラ症の発生が確認されているが、このうち三〜五％が爬虫類等のペットとの接触によるものであるとされる。

ラウンド8　爬虫類とサルモネラ

では、国内に目を向けてみよう。ここに新旧の爬虫類のサルモネラ保菌調査がある。東京都衛生局環境衛生部獣医衛生課の岡崎留美らは、一九八二年から一九八四年にかけて三回にわたり、都内で販売されている各種ペット用水棲カメにおけるサルモネラ保菌実態調査を行った。サルモネラの陽性率は五五・一％、三八・五％、四二・三％で冬期において高い陽性率が確認された。カメの種類別ではミドリガメ（二六検体中一八検体）六九・二％、クサガメ（10/22）四五・五％、イシガメ（3/8）三七・五％。分離された八八菌株中、血清型はThompson、Montevideo、Braenderup、Infantis、Newportなどであった。

東京農工大学の中臺（なかだい）文、林谷秀樹助教授らは二〇〇〇年一一月〜二〇〇一年一二月にかけて神奈川県内の爬虫類専門ペットショップで販売されていた爬虫類四一種類、七六検体および神奈川県と静岡県内で捕獲した野生の爬虫類九種類、七九検体の糞便を用いサルモネラの検出を行っている。

ペット用爬虫類七六検体中五九検体（七七・六％）、野生爬虫類七九検体中五検体（六・〇％）からサルモネラが分離されている。ペット用爬虫類の種類別の分離率はカメ類七〇・六％(12/17)、トカゲ類八三・三％(15/18)、ヤモリ類六四・〇％(16/25)、ヘビ類一〇〇％(16/16)でいずれも高率であった。ペット用爬虫類の飼育状況別の分離率は、国内繁殖個体で七二・七％(24/33)、国外繁殖個体で八〇・〇%(12/15)、国外野生採取個体で八〇・八%(21/26)といずれも高率であり差は認められなかった。ペット用爬虫類五九検体中三四検体から分離されたサルモネラは二五種類の血清型に型別された。血清型では、Panama が最も多く五検体から、次いで Amsterdam、Minnesota、Bardo がそれぞれ四検体から分離された。残りの二五検体から分離されたものと野生爬虫類から分離されたサルモネラはすべて市販免疫血清では型別不能になっている。

以上より、ペット用爬虫類は種類あるいは流通の経路等に関わらず高率にサルモネラを保有し、その血清型はヒトの胃腸炎患者から分離される血清型を含め多岐にわたっていることが明らかとなった。

ラウンド9　小児重症サルモネラ感染症

二〇〇五年三月～一〇月の間に千葉県船橋市立医療センターでサルモネラに起因する重症例が二例起こった。

症例一：一歳三カ月齢女児、入院九日前より発熱し、近医にてミノサイクリンの経口投与を受けるが改善せず、熱性痙攣にて緊急入院。入院時三九・七℃、下肢硬直、眼球右方偏視、口唇チアノーゼを呈した。尿、便から病原菌は分離されず、血液からも菌の発育は認められなかったが、髄液からS.Brandenburgを分離、サルモネラ髄膜炎と診断。アンピシリンとセフォタキシムの静注投与で全身症状の改善が認められ、第一七病日で退院。患児の家庭ではミドリガメを飼育していた。

症例二：六歳二カ月女児、入院四日前より発熱、嘔吐、水様便を認める。入院時三八・五℃。便および静脈血液よりS.ParatyphiBを分離。サルモネラによる急性胃腸炎と敗血症と診断された。第一～五病日はホスホマイシン、以降アンピシリンの静脈投与で全身症状の改善が認められ、第一一病日で退院。

感染経路調査のため、家庭内で飼育していたミドリガメの水槽内の水を培養したところ、多量の菌数の *Aeromonas hydrophila* およびS.ParatyphiBが検出された。

ロッキーはエイドリアンを自宅アパートへ迎入れ、飼っているカメを手に取って見せるシーンがある。水槽にカメを戻した後もロッキーは手も洗わず、適当にズボンに擦りつけて拭く。『ロッキー』は米国東部の州の感謝祭Thanksgiving day（一一月の第四木曜日）から新年にわたってのドラマである。映画では厳冬のシーンがしばしば出てくるが、岡崎らの報告でもあるように、冬季の方が分離率の高いといった成績もある。室内で飼育されている条件からして、水槽中の菌数は感染にいたるまで十分に増殖している可能性は高いものと考えられる。

ラウンド10　ロッキーと衛生害虫

ロッキーはアパートメントのネズミやゴキブリなどの衛生害虫から実はサルモネラの感染を受けていたのでないか？

カメのシーンでも判るように、ロッキーの住まいは不衛生な環境に置かれている。エイドリアンを招いた時も、自分はカウチの端に腰掛け、そちらにはゴキブリがいるからと立ち止まっている彼女に手招きして旁らに座るように仕向ける。

ラウンド11　サルモネラと衛生害虫

サルモネラと衛生害虫の関連について調べてみよう。

ロッキーがネズミを介してサルモネラに感染したかどうかについては、当時の米国の衛生害虫のサルモネラ保菌調査に類する文献は見あたらない。最も年代的に近く参考に供せる資料として、同じペンシルバニア州に属し、フィラデルフィアの近隣の都市であるLancasterにおける克明な報告がある。これは『*Salmonella enterica* Serovar Enteritidis in Humans and Animals』の著者の一人である、米国農務省Agricultural Reseach Service Southeast Poultry Reseach Laboratoryの Jean Guard-Petter博士が一九九二年から一九九三年にかけて行ったものである。

これによると、養鶏場で採取した六二一検体と五二六検体のハツカネズミ（小型ネズミ）の脾臓から、それぞれ二五・〇％、一七・九％の割合でSEが分離された。

同時期の米本土の最東北部に位置するメイン州、Augustaにおける調査では、養鶏場の環境由来から五・一％、ハツカネズミ、ドブネズミなどから一六・二％の分離率でSEを分離している。SE汚染農場に限ればネズミの二四・〇％から分離されている。

インドのSinghらは一九七六年から一九七九年にかけて、大学付属農場、飼料販売店、住宅に棲息する各種の衛生害虫からサルモネラの分離を試みている。

それによると七六七検体から四三株（五・六％）が分離された。内訳は二五四検体の大型ネズミ rat から一六株、一〇九検体の小型ネズミ mouse から一一株、一〇四検体のトガリネズミ shrew から一一株、二七〇検体のゴキブリから三株、三〇検体のアリから二株が分離された。血清型は Saintpaul、Bareilly、Newport、Weltevreden、SE、ST、Hvittingfoss、Anatum、Metopeni、Waycross および Paratyphi B である。

サルモネラはゴキブリの糞の中では数年生存できることがわかっている。

ラウンド12　国内のネズミからの分離率

では参考までに国内の実態をみてみよう。

麻布大学獣医学部公衆衛生学教室の加藤行男助教授らは一九八八年から一九九二年に東京都内のビル内飲食店一四カ所で捕獲したクマネズミ *Rattus rattus* 一、一二九匹と千葉県内の魚市場一カ所のドブネズミ *R.norvegicus* 六〇匹の大腸内容からそれぞれ一七株（一・五％）、六株（一〇％）のサルモネラを分離している。クマネズミ由来ではST六株、Hadar 五株、Isangi 二株、Litchfield 二株、SE一株および Senftenberg 一株。ドブネズミ由来はSE三株、Litchfield 二株、ST一株である。

沖縄県内で著者らが行った調査では、これまでネズミから五株（Schwarzengrund、Albany、Brandenburg、Barranquilla、Elisabethaville）、ハエから三株（SE、Agona、Senftenberg）のサルモネラが分離されている。

こうした米国を中心に世界中の農場や家屋などの衛生害虫から病原性の強いSTやSEが分離されていることから、ロッキーのアパートメントはサルモネラの巣窟と化していた可能性はかなり高いのではなかろうか。

ラウンド13　ロッキーと枝肉

ロッキーはサンドバッグ代わりにしたあの牛枝肉から実はサルモネラの経皮感染（経口感染）を受けたのでないか？

ロッキーはエイドリアンの兄のポーリーの勧めているシャムロック精肉工場で天井から懸垂されている牛の枝肉をサンドバッグ代わりにトレーニングをする。

肉を切らして骨を絶つのたとえのとおり、枝肉には肉も付いていれば骨もある。一九〇ポンドの肉体から矢継ぎ早に繰り出される左右のフック、アッパーには凄まじいものがあり、いくらバンデージを巻いていたとはいえ、ロッキーは擦過傷を受けなかっただろうか。

わたしは早速、枝肉に関連したサルモネラの保菌状況についての文献を渉猟してみた。

東邦大学医学部の渡辺弘恵先生の「最近のサルモネラ感染症とその感染源」モダンメディア二〇〇二年二号によると、感染源になりやすい食品として、鶏卵があげられ次に食肉の記載がある。〈食肉が汚染される経路には種々あるが、家畜が元々感染しているよりも、むしろ屠畜場での汚染、加工業者など食品の流通経路での汚染、調理場での汚染などによることが多い。そのため家畜の保菌率よりも食肉の汚染率の方が高く、鶏肉（一〇〜四〇％）、豚肉（一〇〜二〇％）、牛肉（六〜八％）の順に高い。サルモネラを保有している家畜が屠殺される際に、腸管内の菌がばらまかれ、直接に、あるいは屠畜場の壁、床、水などを介して間接的に肉に付着する。また食鳥処理場における羽毛除去機や屠畜場におけるブタの被毛除去機が汚染の媒介になっている。さらに解体を行ったり、包装する際に交差汚染が起こる。また販売店舗におけるミンチ、スライス、作製機、包丁、まな板、作業者の手指等も汚染を拡大させる媒介物である。〉

ラウンド14　作業用手袋による汚染

埼玉県中央食肉衛生検査センターの板屋民子らは、と畜場で使用される作業用手袋により、牛枝肉がどのように細菌汚染されるのかを、軍手、ステンレスワイヤ手袋および塩化ビニール手袋について比較している。

これによれば、懸吊牛枝肉の一定部位を押さえて移送し、移送前後に押さえた部位の一般生菌数を調べると、材質のいかんを問わず手袋着用の場合には、移送後の枝肉表面の生菌数は、移送前と比べて著しく多かった。したがってと殺解体工程における手袋の洗浄と消毒が枝肉の汚染防止に重要であることが示唆された。

軍手の生菌数は$3.3 \times 10^5 \sim 1.5 \times 10^6$ CFU／gであったとされる。

これは、作業用手袋を介してのと畜場枝肉の汚染がテーマであり、手袋が原因とされる交差汚染を防除するための基礎データとして貴重な調査である。

ラウンド15　シャムロック精肉工場にて

ロッキーの場合は逆のケースとしてみてみよう。

サルモネラを保菌していた牛がと殺され、その処理工程中に汚染された枝肉。牛はサルモネラフリーであったが、処理工程中になんらかの原因で作業環境から汚染された枝肉。同じくサルモネラフリーの個体であったが、人為的な原因で汚染された枝肉などが挙げられる。

ここに一枚の資料がある。実は枝肉サンドバッグの撮影のシーンに登場するシャムロック精肉工場 Shamrock Meats, Inc. は全米三〇位以内にランクされる大手の精肉パッカーであるが、二〇〇二年四月に米国法務省から州間を越えて不適正な粗悪肉製品を販売した件で、二年間のプロベーションの基に一〇万ドルの罰金を課せられている。

時代が異なるとはいえ、やはりあの会社の製品管理には、当時から問題があったのではなかろうか。

ロッキーはバンデージを巻いた拳で枝肉を叩き続ける。しかも何頭もの枝肉にパンチの雨を浴びせていく。中には上記のような過程でサルモネラに汚染された枝肉がサンドバッグの代わりにならなかったとは誰が保証できようか。

ロッキーはどのくらいの時間、枝肉と格闘したのだろうか。日本と違いジム所属制度のない米国の場合、マネージャーがスパーリングパートナーを自前で見つけてくる。映画ではスパーリングのシーンがまったく出てこない。教会のネズミのごとく（赤貧洗うがごとしのことをアチラではこう言うらしい）貧窮しているロッキー陣営のことだから、かなりの時間を枝肉とのトレーニングに費やしたことも考えられる。

ボクシングのトレーニングはすべて本番の試合進行に合わせた時間でメニューが組まれていく。一ラウンド三分間に一分間の休憩といった具合に、ロープスキップ（縄跳び）、シャドーボクシング、ミット打ち、パンチングボールなどをやり、身体に三分間を体得させていく。

仮に一五ラウンドのサンドバッグ打ちをやったとすると、三分×一五分、足すラウンド間の休憩の一四分で約一時間になる。ほとばしるロッキーの身体からの汗と枝肉からの肉汁が伸縮性のあるニットでできたバンデージにみるみる吸い込まれていく。

約一時間、もはや培養基と化したバンデージに二〇分に一回の割合でサルモネラは世代交代を委ねていく。

パンチングの会い間にサウスポーのロッキーは、相手からの打撃に備え、チン（下顎）をカバーリングするため。血塗られた右手をしっかりと口元に寄せ固定する。そしてサルモネラは……。

判定　Decision

では、そろそろジャッジペーパーの集計に移ろう。

さて、これまで開示してきたわたしの言い分について、読者諸賢はどう判定を下すであろうか。ラウンドによっては、ロープダウン寸前まで追い込まれたようなところもあっただろう。ローブローやキドニーブローばりの反則すれすれの強引な自説もあったかも知れない。また、それなりに核心に迫り、ヒット・アンド・ウェーでかなりポイントをあげたラウンドもあったような気もする。特に後半はかなり盛り返し、あと一、二ラウンドあれば完全に勝利を決定付けられたと言っても過言ではないだろう。

うーん、やっぱり五対五のイーブンでドローってとこですかね、泉下(せんか)のグンジさん。

第一二話

八月の濡れた床

『八月の濡れた砂』
一九七一年　ダイニチ映配
監督：藤田敏八
キャスト：広瀬昌助
村野武範
原田芳雄

「床」「乳頭」「奇声」

今回は三題噺ではないが、「床」「乳頭」「奇声」などをキーワードにして叙述してみたい。いや、これ位ではちともの足りないと嘆く大兄（アナタのことです）のために、さらに「乳房」「悶絶」「侵淫」なども随所にちりばめてみたいと考えている。

わたしは大の汗っかきであるため、夏などはないほうがよいと思っている。しかし、病鑑は時期を選ばず生じてくる。

北部家保勤務の頃、沖縄ではまだまだ盛夏の八月の終わりであった。Ｏ村の牧場で子牛が数頭死亡しているとの病鑑依頼があった。

二ヶ月か三ヶ月齢のＦ１の子牛三頭が昨日の夕方、奇声を発して急死したという。さらにその日の朝三頭、昼に一頭の合計七頭が死亡していた。

Ｆ１とは「子の」、「子としての」の意味をもつfilialの頭文字をとったもので、遺伝学用語では交雑種によって生じた子孫のことを指し、雑種第一代をあらわす。この場合は黒毛和種の雄とホルスタインの雌を人工授精させた生まれた子牛。

いずれも本島南部の家畜セリ市から購入したもので、月齢の進んだ他の子牛には異常は認められなかった。

管理人の稟告を訊きながら、観察していく。畜舎は通風も良好で飼育密度も適正な頭数で飼養されている。

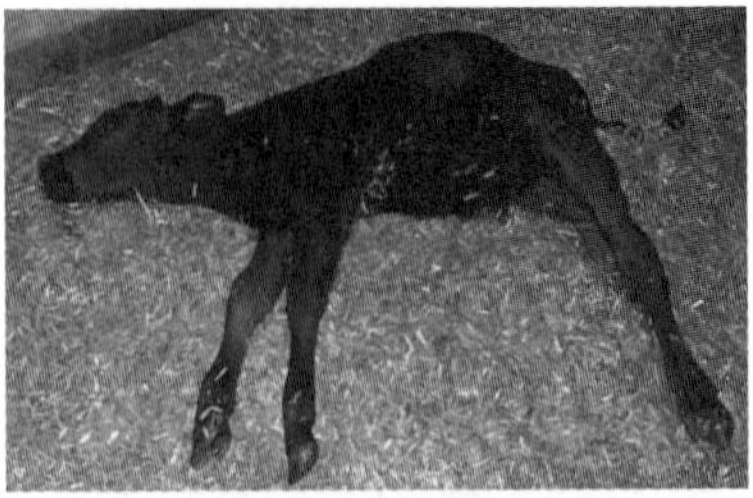
オガコの上で斃死した子牛

同行していた荷川取秀樹君が糞線虫の感染の疑いがあると言い出した。わたしは細菌屋の習い性で子牛の急死というとすぐ*Clostridium*菌の毒素が関与する腸管毒血症エンテロトキセミアなどを連想し、当初、彼の説にいささか疑問を持った。

しかし、牛舎を見ていくと敷料としてオガクズを使用している。死亡した個体はいずれも汚染のひどい群の子牛に限定している。話によればここ数週間オガクズを変えていないという。七頭の死体うち昨日死亡した三頭はいずれも黒茶けて湿ったオガクズに全身まみれながら硬直していた。朝までに死亡した三頭と昼過ぎに死亡し、まだ死後硬直もみられない一頭を車の乗せて家保へ持ち帰った。

蹄冠部の発赤

病理解剖をすると、一頭の牛の腸管に軽度の充出血があったが、四頭に共通する所見は特に認められなかった。また、荷川取君は一部の個体で蹄冠部に発赤があるのを確認していた。

細菌培養については一般の培養検査と並行して*Clostridium*属菌の関与も否定できないので毒素検査も行った。

寄生虫検査ですべての個体から乳頭糞線虫卵が検出されＥＰＧ（eggs per gram／一グラム当た

りの虫卵数）は三万～十〇万の範囲にあった。

家畜衛生試験場に病性鑑定依頼をして、しばらくすると病理組織診断の結果がでた。肺は肺胞壁で軽度から中度の鬱血、水腫や軽度の肥厚があったが、炎症細胞の浸潤は認められなかった。また、気管支や細気管支には著変はなかった。心臓は血管壁では変性および軽度から中等度の粗性化、また、心筋では心筋線維の変性が認められた。腸管は回腸で変性、剥離が認められ、また粘膜上皮から粘膜固有層にかけて虫卵が散見された。組織診断は心筋線維の変性と診断された。

「子牛のポックリ病」であった。

疫学、臨床症状、解剖所見、寄生虫検査、病理組織診断とも乳頭糞線虫（*Strongyloides papillosus*：ＳＰＬ）の重度寄生による突然死の所見と合致した。

細菌検査では有意細菌および毒素は検出されなかった。

子牛のポックリ病

「子牛のポックリ病」は一九七八年に鹿児島県山川町のＳ乳用雄子牛肥育農場で発生した不明疾病が初発とされる。八月から九月にかけ三から六ヶ月齢の子牛が六頭死亡している。二例目として一九八三年、霧島山麓に位置する宮崎県小林市Ｙ牧場で八月から十月にかけ二から三ヶ月齢の子牛が二十二頭死亡した。そこで、鹿児島県家畜疾病診断研究会（家畜衛生試験場九州支場、鹿児島大学、鹿児島県中央家保、南薩家保、開拓畜産農協らの獣医師）は二年間余り、ポックリ病の原因究明を至上命題として取り上げた。しかし、多方面から追求が行われたが、解決の糸口さえ見いだせなかった。

経時的調査と診断的治療

平詔亨（たいらのりゆき）元動物衛生研究所九州支所長は家畜の寄生虫研究の第一人者であり、現場至上主義を貫かれてきた研究者である。

ここで、平博士を中心としたグループのポックリ病解明の歴史を辿ってみる。

光明が開けたのは、鹿児島県岩川での和牛生産牧場の牛についての調査がきっかけとなった。全頭の牛が乳頭糞線虫に寄生し、下痢の原因となっていた事例である。寄生数はＥＰＧで最高三三、六〇〇であった。

さらに本症発見の最も重要な貢献は、宮崎県都城家畜保健衛生所の一九八六年から八七年の二年間にわたる、宮崎県小林市Ｙ牧場での経時的調査である。最も高いＥＰＧ（一一一、〇〇〇）を示した牛に駆虫薬を投与し、二番目に高いＥＰＧ（八八、四〇〇）を示した牛を無投薬対照としたところ、前者は生存したが、後者は八月に突然死した（井手口秀夫ら）。

さらに熊本県水俣市のＹ乳用雄子牛肥育農場でのポックリ病の大発生が解明にむけた貴重な情報をもたらした。一九八七年、八〜九月に一・五ヶ月から二・五ヶ月齢の子牛に急死例が続発し、哺育牛一五〇頭中一五頭が死亡した。突然死した一〇頭の剖検事例では乳頭糞線虫のＥＰＧは五二、〇〇〇～四一一、〇〇〇であり、小腸、眼結膜、肺、四肢の筋肉および蹄冠部など全身の各組織から多数の移行虫体が認められた。そして、大規模な駆虫薬（イベルメクチン製剤）投与による診断的治療を行った結果、突然死の続発は完全に阻止された。

山川町の初発農家のＳ農場の病性鑑定材料が一九八七年八月に担当家保に搬入された。初発の場合はよもや寄生虫原因説などは予想だにしなかったため、寄生虫検査は行われなかった。あらためて実施した結果、突然死した一三七日齢の個体は最高ＥＰＧ三一九、〇〇〇と乳頭糞線虫の濃厚感染が確認された。直ちに同居牛の検査と駆虫薬投与を行い、以降突然死の発生は終息している。

これらの一連の調査結果により、「乳頭糞線虫症の一病型がポックリ病である」との仮説が示された。

ポックリ病の再現

平らは、一九八六年からいくつかの予備試験を行った後、一九九〇年から本格的な再現試験に着手した。

体重一〇〇kgあたり一〇〇万匹以上の乳頭糞線虫F（フィラリア）型感染子虫を一回暴露された体重四五～八〇kgの子牛八頭は、暴露後十一～十五日（小腸に成虫が多数寄生する時期）に、全頭がなんらかの症状を示すことなく突然死した。

　この感染実験を契機にして、これ以後本病は「突然死型ＳＰＬ症（sudden death type of strongyloidiasis)」と呼称されるようになった。小腸内に定着した乳頭糞線虫成虫に起因する可逆的機能異常により発症することを明らかにした。これまでの寄生虫病の概念を覆す世界的に新しい疾病の誕生となった。

　死にいたるまでの経過は、突然倒れ、放血殺時にみられるような鳴き声（啼鳴、奇声）を発し、四肢をバタバタさせ、頭部を伸展し床に打ち付け数分で死亡する。

　わたしはビデオカメラ撮影したこの感染実験の一部始終を以前、動物衛生研究所の講習会で見せてもらったことがある。まさに前駆症状がないまま、突然倒れだし悶絶躄地（もんぜつびゃくじ）、二〜三分の経過で死亡していく映像であり、強く印象に残った。

　ここで平のチームの一員である動物衛生研究所の中村義男主任研究官らが解明した羊を用いたＳＰＬ発症のメカニズムを述べる。

　一三頭の四〜九ヶ月齢の羊を四群に分け、それぞれに乳頭糞線虫の成虫を投与量を変えて外科的に十二指腸に移植した。移植直後から持続性頻脈となり、ついで房室ブロックを示し、移植後二〜九日目に心室細動に陥り死亡した。成虫移植数の高いほど死亡までの日数が短縮していた。羊の十二指腸に成虫の乳剤を接種した実験では一連の不整脈は発生せず生存耐過している。

　また、羊に乳頭糞線虫を経皮感染させ、持続性頻脈となり房室ブロックが発生した時点（感染後一一～一三日目）に駆虫薬であるイベルメクチン製剤を皮下投与した。その結果、投薬後三〇時間から三九時間までに頻脈および房室ブロックが消失した。投薬後三日以内に糞便内虫卵が消失し、心室性不整脈は発生せず羊は生存耐過した。非投薬対照例は一連の不整脈を示して突然死している。

これらの一連の知見によって突然死型乳頭糞線虫症は小腸内に定着した乳頭糞線虫成虫に起因する可逆的機能異常により発症することが明らかになった。

侵入経路と発育環

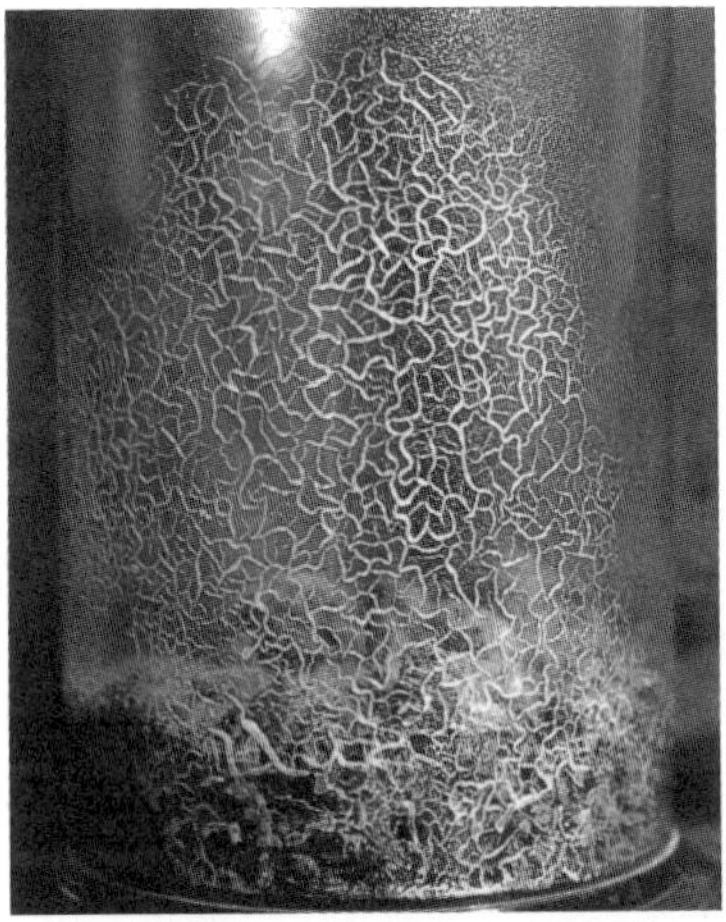

瓶培養法による乳頭糞線虫（平原図）

糞線虫 *Strongyloides* 属には五〇数種が知られており、種によって宿主が異なっている。乳頭糞線虫は牛、緬羊、山羊、ウサギ、ミンクの小腸を寄生部位とする。また熱帯・亜熱帯に広く分布する糞線虫 *Strongyloides stercoralis* は人を宿主として経皮感染をおこす。

乳頭糞線虫の感染経路で特徴的なのは経皮感染が主体であるということである（ごくまれに母乳を介しての経乳感染がある）。通常、寄生虫の感染経路は経口感染が圧倒的に多いが、乳頭糞線虫は皮膚を介して宿主の生体内に侵入してくる。なお、実験的に感染子虫を経口投与すると感染は成立するが、感染子虫は胃液などに弱いため自然界ではその意義は少ないものと考えられる。

体長約〇・六ミリメートルの感染F（フィラリア）型子虫は土壌や敷料の中などに生息し、適温（二〇～三〇℃）条件下で、ヒアルロニダーゼを分泌して蹄冠部の皮膚のヒアルロン酸を分解して組織透過性を増加させる。

ヒアルロン酸はムコ多糖類の一種で、皮膚では真皮層に一番多く含まれ、細胞同士の間隙を埋め、水分を保持する役割をもつ。

健康な皮下に浸入した子虫は、皮下織、筋肉間などを経て頭部皮下に移行する。そして咽喉頭に出て嚥下され、食道、胃を経て最終寄生部位である小腸に到達し、その粘膜内で成熟して体長四～六ミリメートルの乳白色の寄生世代成虫となる。成虫は雌のみで寄生母虫ともいわれ、絨毛の間隙に寄生する。

感染子虫が侵入して糞便内に虫卵が排泄されるまでの期間は九～一一日である。

虫卵検査と培養法

突然死を予測する個体診断法は、現在、糞便検査によるＥＰＧ値のみである。平は乳頭糞線虫の病勢判定の目安として、ＥＰＧ値を四段階に分け、一、〇〇〇以下を軽度、五、〇〇〇～一〇、〇〇〇位を中等度、二〇、〇〇〇〜五〇、〇〇〇位を重度、一〇〇、〇〇〇以上を致死的とし、下痢の発症は中等度から重度の感染でおこり、軽度の感染では起こらないと述べている。

培養法は瓶培養法が推奨されている。糞便とオガクズをガラスの丸形標本瓶に入れて混ぜ、湿潤な状態を保ちながら蓋を被せて二五℃、五〜七日間静置培養を行う。

汚染の程度に応じて、Ｆ型子虫はオガクズを培地として旺盛に発育し、ガラスの内側表面を絡み合って這痕を残しながら走行し、ガラス一面ひびの入ったような網目状の大群が観察できるまでなっていく。

温床

それではなぜ、ＳＰＬ症は発生するのだろうか。

海外の寄生虫関連の文献にも死亡に至るような報告がなかったように、これは、日本国内の特有の畜産形態と関連している。

反芻動物である牛は米国や豪州にみられる牧場の光景でもお馴染みのように、放牧を行ったり広大な草地を背景として生産されるのが本来の飼育法である。

国土の狭隘なこともあって、生産性の追求のためには、国内においてはいきおい肥育牛は若齢の頃から人工的な環境で育成されていく。

コンクリートで作られた狭い牛舎では、敷料として今日ではオガクズが敷き詰められている。

オガクズはクッションを兼ね、排泄物の水分を吸収調整し、冬場は保温効果をもたらす。森林国の日本ではオガクズは比較的入手が容易であり、適正に交換されていれば問題はない。しかし、交換時期を逸したり、高密度の状況下で飼育されていれば寄生虫の温床となる。

オガクズの問題点

SPL症が発生するほかに、乳牛の乳房炎、豚の抗酸菌症も指摘されている。

乳牛での飼育環境でもオガクズは敷料として利用されているが、近年、汚染されたオガクズが原因となった大腸菌や *Klebsiella pneumoniae* による環境性乳房炎なども全国的に問題となっている。

オガクズは敷料として好適であるが、有機物を含むため、細菌の良好な培地となる二面性がある。両菌種ともグラム陰性の桿菌でエンドトキシンを産生することで甚急性の重篤な致死性乳房炎を起こすことが多い。

また、肥育豚の発酵オガクズ豚舎における豚鞭虫の濃厚感染や豚回虫によるいわゆる肝白斑症の問題などオガクズの交換時期を怠ったことに帰因する管理失宜も指摘されている。

治療

SPL症には現在、有効な寄生虫駆虫薬が開発されている。

イベルメクチンは日本生まれの世界的な駆虫薬である。伊豆半島の川奈ゴルフ場の土から採取した放線菌から生まれた駆虫薬は、この二十数年家畜などの寄生虫やダニの予防・治療薬として世界で最も多く売れ続けた動物薬である。

牛、豚、馬の線虫、回虫、疥癬ダニの駆除にも用いられている。ただし、選択的な毒性のため吸虫や条虫には無効であるとされる。

イベルメクチンはまた約三万人の潜在患者数ともいわれる沖縄県と鹿児島県の奄美諸島に侵淫する糞線虫（*Strongyloides stercoralis*）の薬としても二〇〇二年十二月に認可を受けて販売された。

ＳＰＬ症その後

その後、ＳＰＬ症は一九八八年に中国地方、一九八九年に関東甲信越にその発生が確認された。さらに、一九九〇年以降ＳＰＬ症は比較的冷涼な地域である東北および北海道にも発生が確認されている。本症は九州、沖縄に多発する傾向にはあるが、日本全国の子牛で夏から秋にかけて広域に発生する新しい疾病として認識されるようになった。

日本型畜産の縮図のようなＳＰＬ症について認識を新たにして、ご理解頂けたでしょうか。

相変わらず不完全燃焼のまま、エンドマークを迎えそうになった大兄（やはりあなたのことです)。妄想が独りでにF型子虫のようにあたりを這い回った経験はお持ちでないでしょうか。

さて、そこで以前ある本で読んだことを思い出した。

『子供より古書が大事と思いたい』で第十二回講談社エッセイ賞を受賞した、共立女子大学文芸学部教授の鹿島茂の『背中の黒猫』(文藝春秋)収載の一説を引用しよう。

〈エロ映画といえば、この頃(一九六〇年代の前半)は、その名に値するような映画がきわめて少なかったので映画館のほうでも相当に苦労していたようだ。横浜伊勢佐木町にあった「グリーンホール」という映画館は、洋画のエロ映画上映館だったが、あるとき、とてつもない番組を上映したことがある。アンリ・ジョルジュ・クルーゾー『情婦マノン』、ビリー・ワイルダー『昼下がりの情事』、イングマル・ベルイマン『処女の泉』の三本立てである。もちろん、これは名画三本立てではない。「情婦」「情事」「処女」という言葉で、エロ系の観客を呼ぼうとしたのである。実際、この時代には、映画のコードが厳しかったから、タイトルだけのエロ映画もかなりあった。フランキー・アバロン主演の『やめないで! もっと』は実はロカビリー&サーフィン映画だったし、イギリスのプレスリー、クリフ・リチャードが主演したロカビリー映画がたしか『女体入門』というタイトルで公開されていたはずである。なぜ、こんなことを覚えているかというと、そのたびに騙されてガックリきた記憶があるからだ。〉

鹿島茂、お前もか！

わたしはこの話を読んで慄然としていた。何となれば首里高校生の往時、わたしはある白昼、人目を忍んで今も現存する「首里劇場」に向かっていた。通学の途上に観た『アニマル・セックス』の手書きのポスターに心を陵辱され、木戸銭を払うのももどかしく真っ暗なシートに身を沈めた。

そこには、動物学者ローラス・ミルヌ、マージェリー・ミルヌ共著によるベストセラー『動物の性本能』を原作に描かれたボカシのないシーンが繰り広げられていた最中であった。ラストのクレジットによると、三十人以上ものカメラマンが八年間にわたり世界各国で撮影した動物たちの性態が記録されたものであることや、日本公開に当たってはザトウクジラ、パンダのシーンが追加されたことが付記されていた。さらにこの九〇分版のドキュメンタリーは文部省推薦映画であることが表記されていた。

第一三話

黒牛・白牛

『黒猫・白猫 Chat noir, Chat blanc』
一九九八年　フランス／ドイツ／ユーゴスラビア
監督：エミール・クストリッツァ
キャスト：バイラム・セヴェルジャン
　　　　　スルジャン・トドロヴィッチ
　　　　　ブランカ・カティッチ

小説家の呻吟

池波正太郎のエッセイ『食卓のつぶやき』（朝日文庫）に週刊誌の連載小説の題名に直前まで呻吟（しんぎん）する作家の日常が描かれているのがあった。

鬼平犯科帳の小説家は、半年の準備期間があったにもかかわらず、結局締め切り前日まで考えあぐね、気分を変えるために大好きな映画に行く。観終わっても、重苦しい気分に変わりはない。行きつけの鮨屋で鮨種を肴にぼんやり酒を飲むがいっこうに味がしてこない。やむなく仕上げの海苔巻きを頼む。職人がすだれをひろげ、黒い焼き海苔を置き、その上に白い飯をのせた。その瞬間、小説家はにやりとし、題名がぱっと決まった。新しい連載小説の題名は『黒白（こくびゃく）』として掲載された。

家畜保健衛生所の黒白

われわれも程度の差こそあれよく白黒に悩まさる。

家畜保健衛生所は毎年五月頃から「ティービー・ブルセラ」の季節に入る。ティービーとはTuberculosis（TB）結核のことである。

細菌学の鼻祖、ドイツのローベルト・コッホは輝かし業績をそれこそ無数に残したが、一八八二年の結核菌（Tuberkelbazillus）の発見もその中のひとつである。この名称はドイツの医学者シェーンラインが結核患者を死後解剖すると、その病巣には必ず結節（tuber）が見られたことから命名されたとされる。

牛の結核は牛型結核菌 *Mycobacterium bovis* の感染による慢性疾患で、主に肺、リンパ節に進行性の結節病変を形成する。

結核をおこす菌には人への感染を起こす結核菌 *M.tuberculosis*、牛型結核菌 *M.bovis*、アフリカ型結核菌 *M.africanum*、ネズミ結核菌 *M.microti* があり、これらを結核菌群 *M.tuberculosis* complex と呼んでいる。

牛型結核菌は牛の自然感染例が最も多いが、水牛、羊、山羊、鹿、豚、犬、猫、ミンク、ニホンシカ、カモシカ、タヌキ、オウム等にも感染例がみられる。特に鹿はきわめて感受性が高く、野生鹿、動物園や公園の鹿、畜産業の肉用鹿など多数の発生報告がある。馬、サル、人では比較的少ないが、人は生乳を飲む習慣のある欧米では過去にしばしば報告されている。

牛型結核菌は経気道または経口的に侵入し、好中球の一種であるマクロファージに取り込まれ、約二、三週後に小肉芽病巣を形成する。菌はリンパ性に移動し、付属リンパ節にも病変を形成する。慢性に経過し、妊娠、輸送、ストレスなどで免疫力が低下した場合に肝臓などの他臓器に伝播し、粟粒結核をおこすとされる。しかし、大部分の個体は保菌していても外見上異常な臨床所見を示さない。熊本県の褐毛和種の場合七四頭中発咳は三頭に、被毛失沢と栄養不良は各一頭に認められたにすぎなかった。

家畜伝染病予防法（第五条）により、搾乳の用に供し、又は供する目的で飼育している雌牛と種付けの用に供し、又は供する目的で飼育している雄牛は結核病とブルセラ病の検査が義務付けられている。検査は少なくとも五年に一回行われる。結核は牛の場合にはツベルクリンテストが診断に用いられている。

牛のツベルクリン

ここで、国内の牛の結核病の清浄化に大きく貢献してきた、ツベルクリンテストの歴史について少し述べる。

ツベルクリンテストは一九〇七年にアレルギー（Allergie）の概念を提唱したウィーンの小児科医ピルケーが皮下注射法を開発し、翌年フランスのマントーが皮内注射法に改良したことで実用的なものとなった。しかし、その原型といえるものが一八九〇年に結核菌を発見後、意気揚々と治療薬の開発に取り組んだコッホによってすでに作成されていた。コッホは、長い慎重な実験の結果、生体組織に何の危害も与えることなく病原体を無害にするという従来不可能と考えられたことに成功するのである。そしてこれが結核の治療薬として応用できることを期待した。

しかし、後の歴史が示すとおりツベルクリンには、治療薬としての価値は全く認められなかったが、結核の診断薬としては驚異的な威力を発揮してきた。

国内で用いられている牛用のツベルクリンは人型結核菌と牛型結核菌の培養濾液の濃縮液（オールドツベルクリン）である。牛がいったん *M.bovis* の感染をうければその抗原成分は抗原提示細胞である白血球の一種のマクロファージによって処理されたあと、ヘルパーTリンパ球に提示され、その結果ヘルパーTリンパ球が増殖を開始する。一、二ヶ月後には全身的な細胞性免疫が成立し、その後再度ツベルクリンタンパク抗原と接触することで、ヘルパーTリンパ球は免疫に関与する活性物質であるサイトカインを産生し、接種部周辺に炎症細胞の集積と毛細血管の増加と透過性が向上して二、三日後に発赤や硬結を生じる。ハチ毒などの接種後、数時間後に反応する即時型過敏反応であるアナフィラキシーなどと区別され、数日を経て反応を起こす遅延型過敏症反応のひとつである

人の場合は前腕部内側の皮内にツベルクリン液を接種するが、牛の場合は尾の付け根の部分の左右に襞壁のどちらかに〇・一㎖をマメを作るように接種する（尾根部皮内接種法）。接種七二時間後に判定するが、腫脹差が五㎜以上で硬結を伴うものを陽性としている。

テスト・アンド・スローター

わが国では牛結核の撲滅計画が一九〇一年（明治三四年）に出され、乳牛を対象として臨床検査、ツベルクリンテストによるテスト・アンド・スローター方式によって摘発淘汰されてきた。一九〇三年、牛の結核は検査頭数二三八、五六〇頭、ツベルクリン陽性牛一一、〇五七頭で四・六三％の陽性率を示しているが、一九一〇年には〇・六％に減少している。さらに一九五一年の家畜伝染病予防法の全面改定による結核防疫事業推進の結果、結核牛は著しく減少を示している。

乳牛での集団結核は一九六三年に千葉県、一九六六年に群馬県での発生以来報告はなく、わが国の乳牛に関してはほぼ清浄状態に達したと考えられている。肉牛では種雄牛以外は定期検査が義務付けられていないため、本病の汚染実態は乳牛ほどは正確には把握されていない。過去における和牛での大規模な集団発生は四件ある。一九六三年～六五年に新潟県、佐渡の黒毛和種九九頭、一九八〇年～八二年に熊本県、阿蘇の褐毛和種七三頭、一九八〇年～八二年に北海道、渡島地方の褐毛和種五〇頭、そして一九八七年に十勝地方の褐毛和種約七五頭に発生している。これらはいずれもと畜検査での肉眼病巣が摘発の契機となっている。

一九九八年からの二〇〇五年までの統計では一九九八年に一頭（広島）、一九九九年二一戸三七頭（熊本一九戸、三五頭、大阪、兵庫各一頭）、二〇〇〇年二戸、二頭（宮城、福井）、二〇〇一年一戸、一頭（兵庫）、二〇〇二年一戸、一頭（宮城）、二〇〇三年一戸、一頭（岡山）、二〇〇五年一頭（青森）となっている。なお、水牛では二〇〇四年一戸、一頭（愛媛）での発生がある。

無病巣反応牛

近年のツベルクリン陽性牛は解剖しても、特有の結核病変のないいわゆる無病巣反応牛 non visble lesionreactor（ＮＶＬＲ）がほとんどである。これにはさまざまな要因が考えられきた。過去には開放性結核患者によって飼育された牛群での人型結核菌によるものも含まれていたが、現在、最も有力な説が *M.bovis* 以外の抗酸菌である非定型抗酸菌の関与である。現在までに一五種の病原性非定型抗酸菌が知られており、その生息環境は種によって異なる。国内でもこれまで無病巣反応牛から鳥型結核菌 *M.avium*（根本ら）、*M.kansasii*（埼玉県、桜井ら）、*M.scrofulaceum*（愛知県、永田ら）、*M.gastri*（岡山県、奥田ら）、*M.fortuitum* および *M.avium-intracellulare* complex（石川県、小沢ら）などの非定型抗酸菌が分離されている。こうした非定型抗酸菌は扁桃、糞便、土壌、水、敷料、塵埃などの牛の飼育環境から高率に分離されており、家畜への感染や人の非定型抗酸菌症の要因のひとつとして指摘されている（帯広畜産大学清水亀平次）。

牛に種々の非定型抗酸菌を人工的に感染させ、その後ツベルクリン反応を行った実験は外国でも多数行われており、いずれも有意な反応が観察されている。

ともあれ、国内で牛の結核がツベルクリンテストによって激減してきたことは家畜保健衛生所の先達たちの努力のお陰であることは間違いない。

『私が棄てた女』『パピヨン』『砂の器』

遠藤周作の原作を浦山桐郎が監督した『私が棄てた女』(69年)、スティーブ・マックィーンとダスティン・ホフマンの競演が絶妙であった『パピヨン』(74年)や宿痾（しゅくあ）の患者となった加藤嘉扮する遍路姿の父子の彷徨（ほうこう）シーンが圧巻であった『砂の器』(74年)。これらの作品に取り上げられたハンセン病の原因であるらい菌 *Mycobacterium leprae* も抗酸菌の一種である。

『砂の器』は映画化された松本清張原作の三五本のリストの中でも畢生（ひっせい）の大作である。脚本家の橋本忍が東宝に持ち込んだものの題材の暗さや予算を理由に一〇年以上もお蔵入りにされてしまう。その後橋本が名匠野村芳太郎監督の協力で自らのプロダクションを興し、松竹との合作で制作した作品である。

脚本には若き日の山田洋次も参加している。自著『映画をつくる』（国民文庫）では、脚本を書くためには、技術も必要であるが、モチーフを明確にすることを力説している。「脚本について」の章から引用してみよう。

〈私は野村監督の助監督をつとめていましたので、この脚本を手伝うように、と野村監督に命じられ、とりあえず『砂の器』を読んでみました。たいへんおもしろい小説で、ひと息に読んでしまったのですが、さてこれを映画化するとなるとさっぱり見当がつかない。あまりにもストーリーが複雑すぎて映画にはちょっと無理なのではないか、というのが私の感想でした。一方、橋本さんも私と同じ時期にこの小説を読んでいて、ある日、うちあわせのために私は橋本さんと会い、その席で私は正直にこれはとても無理でしょうといったのですが、橋本さんは「いや、この作品にはひとつだけいいことがある。それは山田君、ここなんじゃないかとここなんじゃないかと俺は思う」といって、彼が赤エンピツで線をひっぱったところを指さしました。

それは、小説の、終わりから三分の一ぐらいのところで、親子の乞食が福井県の片田舎で業病にかかり、その村にいられなくなって昭和何年何月何日ごろ村を去っている、それは記録でわかる。しかしそれ以後親子の乞食がどのようにして島根県の亀嵩までいったか誰も知らない、しかし、昭和何年何月何日に島根県の亀嵩の駐在所の署員の日記にこの親子のことがのっていると書いてある。福井県の田舎を去ってからどうやってこの親子二人が島根県までたどり着いたかは、この親子しかわからない」と書いてあるところに赤線(あかせん)が引っぱってあるわけです。そして「山田君、ここだぞこの映画は」という。つまりこれがこれがモチーフたりえないかというわけです。

そういわれてみますとなるほどイメージがうかんでくる。旅の途中には、暑い夏の日もあっただろう。冷たい風がヒューヒューと吹く寒い冬もあっただろう、そんななかを親子の乞食が哀れな身なりで、福井県から島根県までの道をとぼとぼ歩く、そういうイメージがふくらんできます。私も、なるほどこれはいけるかもしれませんね、ということから『砂の器』の脚本は出発したわけです。〉

たしかに、このシーンは日本の四季の息を呑むような美しさと悲しさが川又昂の撮影によってスクリーンから迫ってくる。

『砂の器』は自ら「霧プロ」というプロダクションを興したほどの大変な映画ファンであった清張が自作の映画化のなかでも『天城越え』(83年)とともに最高傑作だと評価したというのも頷(うなず)ける。

脚本の破綻のない構成と捜査会議と犯人の新曲発表を同じ日に設定し、ラストシーンへと収斂(しゅうれん)する映像と音楽は圧巻である。ただし望蜀(ぼうしょく)の嘆をいえば加藤剛扮する作曲家の殺意へつながる動機が原作ほどには描かれておらずやや不満が残る。野心家の作曲家の恋人である大臣の娘を演じるのは、やはり小川眞由美でなくてはならなかった。

「武装したもの」現る

らい菌はコッホの結核菌の発見より早く、一八七四年にノルウェーのアルマウェル・ハンセンによって発見、記載された。

菌の感染力はきわめて弱く、患者との長期的にわたる濃密な接触がない限り感染しない。また感染しても不顕性感性が大半で発病するのはごく一部に過ぎない。

抗酸菌の特徴として潜伏期間が長さがある。ハンセン病の多くは二年から四年とされているが、短い場合は数ヶ月、長い場合は三〇年もかかる場合もあるとされる。らい菌は末梢神経細胞で増殖するため、感染部位の結節による皮膚症状、神経障害を主な臨床症状とする。

結核菌では機能している遺伝子の割合が九〇・八%であるのに対し、らい菌は四九・五%と極端に少ない。生存と増殖を全面的に宿主細胞に依存している。そのため、らい菌は通常の細菌とは異なり人工培地では培養できない。

スペイン語で「武装した小さな（生き）物」が原義の[armado＋縮小辞]からきたアルマジロ(Armadillo)は、近年その愛嬌ある外観から漫画などのキャラクターにもなっている。南米ではペットとしても飼われだしてきているようだ。わたしがメキシコにいた頃もメキシコシティの「チャプルテペック動物園」でもニーニョ（男の子）たちの人気の的であった。このアルマジロがハンセン病の解明に実は一役買っている。

アルマジロは人の重要な病気に感受性があることが多く、感染症の研究によく用いられたきた。この多胚形成（一卵性の多出生子）で体温が低い（三〇〜三五℃）特徴を持つ動物は、人以外では自然界で唯一のらい菌の宿主であるのだ。野生のアルマジロにおけるらい病様疾病について最初の記載があったのはちょうど国内で『砂の器』が上映されたいた七〇年代中頃である。

それ以来、この甲冑に包まれた奇妙な動物は、敏捷な動きで獣医を採血や聴診の困難さで泣かせながら疾病の研究に貢献し続けている。

パスツリゼーション（低温殺菌法）

ドイツでコッホが結核の解明に血眼になっている時分、パリではルイ・パスツール（一八二二〜一八九五年）が農家や醸造業者からの依頼でビールやワイン醸造時の異常発酵についての研究の集大成を迎えていた。そして、有名な「白鳥の首フラスコ」の実験で、それが空気中の微生物が原因よる腐敗であることを証明し、パスツリゼーション（低温殺菌法）を開発していく。

博覧強記でなる仏文学者、鹿島茂の『パリ世紀末パノラマ館』（中公文庫）によると、〈パリで牛乳を飲む習慣が民衆の間に広まったのは、一八世紀の末から一九世紀の初めだといわれている。当時は、パリ市の城壁の内外で乳牛を飼っている農家が多くあったので、搾りたての新鮮な牛乳が朝まだ早いうちに、パリ中心部に運ばれて販売された。販売の中心となっていたのは牛乳売りの女たちで、彼女たちが街頭に腰を据えたり移動販売をしたりして朝食用の牛乳を家庭に届けた。

なぜこれだけ牛乳が民衆に親しまれたかというと、それは朝食にカフェ・オレを飲む習慣がこのころに定着したからである。カフェ・オレはこれに浸せば硬くなったパンでもおいしく食べられるということで民衆から大歓迎され、以後フランス人の朝食には欠かせない飲み物となる。

だが、時代が進み、消費される牛乳の量が増大すると、とうていパリ市内や郊外で搾られる牛乳では足りなくなってくる。だがノルマンディーなどの牛乳の産地から運ぶのでは、いくら早朝に搾っても馬車に揺られて運ばれているうちに腐敗が始まってしまう。

この問題を解決するきっかけとなったのは、醸造学者ルイ・パスツールによる細菌の発見である。パスツールは摂氏五五℃でワインのバクテリアを殺す低温殺菌法を一八六七年のパリ万博で発表してグラン・プリを獲得したが、この低温殺菌法はただちに牛乳にも応用された。これにより牛乳は農家の一次産品であることをやめて人間の英知の加わった「加工食料品」となり、フェリックス・ポタンのような食料品店の棚に並んでやがて、「健康優良児」誕生の原動力となるのである。〉

牛乳の殺菌

現在、牛乳の殺菌の用いられている条件は低温保持殺菌（low temperature long time pasteurization ＬＴＬＴ法；六二〜六五℃、三〇分）、高温短時間殺菌（high temperature short time pasteurization ＨＴＳＴ法；七二〜七五℃、一五〜一六秒）、超高温殺菌（ultra-high temperature treatment ＵＨＴ法；一二〇〜一五〇℃、一〜三秒）の三種類である。殺菌効率は原料乳の菌叢によって異なるが、保持殺菌法あるいはＨＴＳＴ法により、病原菌のみならず、その他の大多数の微生物も死滅する。低温保持殺菌は、日本では一九五一年に「乳及び乳製品の成分規格等に関する省令（乳等省令）」で定められたもので、二〇〇二年一二月二〇日施行された省令改正によると「六三℃三〇分加熱するか、またはこれと同等以上の殺菌効果を有する方法で加熱すること」になっている。これは人獣共通感染症のうち最も危険性が高く耐熱性のある結核菌とＱ熱リケッチアを確実に殺菌でき、クリーム層の形成を損なわないように設定された加熱条件である。

野生動物から家畜へ

現在、国内では牛から人への結核の感染は少なくとも市販の牛乳を飲用する範囲では存在しない。海外では前述のとおり、未殺菌乳からの感染がほとんどを占める。英国では一九九二年において結核患者から分離された抗酸菌の約一％が牛結核菌であったという。牛型結核菌は人型結核菌ほど人に対する病原性は強くないが、ＨＩＶ患者には感染しやすい。最近でも英国の報道によれば、Gloucestershire 地区で肉用牛を飼育していた牧夫と妻が、飼育していた牛から結核菌に感染したことが明らかとなった。感染経路は直接の飛沫感染と推察されている。英国環境食品農村省（DEFRA）は肉用牛からの感染は一九九九年に二名の発生が確認されているだけであり、罹患牛からの空気感染はきわめて希であると述べている。英国では牛から人への感染例と考えられる結核患者は毎年約五〇名発生しているが、その多くは未殺菌乳の飲用が原因とされている。また、英国では過去三年間に年間五、〇〇〇頭以上のツベルクリン陽性牛が摘発されているが、一、〇九〇の汚染牛群のうち六五四群（六〇％）で感染源が特定され、その内五一％が牧場に生息する結核感染した野生の badger（アナグマ）であったという。一九七一年から一九八三年において、結核発生により牧場閉鎖に追い込まれた地域で捕獲された七、五五七頭のアナグマのうち一三％に牛型結核菌の感染が認められたという。前述のように鹿は結核菌に対する感受性が高いため、野生の鹿と家畜との接触が問題となっている。米国では一九九五年～一九九九年のサーベイランスでは三八、一四二頭の野生鹿の内二八五頭から牛型結核菌が分離されている。また、濃厚汚染地域ではアライグマ、コヨーテ、ボブキャット、ブラックベアなどの野生食肉動物にも感染鹿の捕食による結核感染の拡大がおこっているという。

人とペットの感染

ペットの開業獣医師のＨ氏から次のような質問を受けた。七〇代の母親が若い頃に結核に罹ったことがあるという。その後、健康で何十年も元気で過ごしてきた身であり、今のところ体調にも問題ないが気になることが一つある。室内で犬を飼っているが、自分が犬に結核をうつしてしまわないか心配しているとのことであった。ご存じのとおり、結核は日本でも大正時代から昭和二〇年代初期までは死亡原因の一位を占め、国民病と称されてきた病気でもある。若い時に感染し、加齢によって免疫機能が低下した場合、体内で息を潜めていた菌が再び復活する可能性がある（既感染発病）。

愛犬とかなり濃密にふれあっていると聞き、充分に懸念されることだし、いろいろ調べてみた。『新編獣医微生物学』（養賢堂）によれば、人型結核菌の項目に、自然感染例はヒトのほか、サル、イヌ、オウム等に多く、ブタ、ウシはこれにつぐ、ヤギ、ヒツジ、ウマ、ネコは稀に感染し、オウム以外のトリ類は抵抗性を示す。ヒトでは本菌の感染によって、主として肺が侵される。ヒトから他動物への感染は患者との接触の機会が多いイヌ、ネコ、およびオウム等に経口的、又は経気道的に成立するとある。

『Emerging Infectious Diseases』、2004 Dec;10(12):2258-10 の記事によると米国テネシー州で七一歳の女性が三週間にわたる喀痰、咳嗽を主徴として来診。胸部X線写真では右肺上野で浸潤影と肺の拡張不全、ツベルクリン検査では陽性と判定され、喀痰の塗抹検査では抗酸菌を確認、DNAプローブ法と培養により人型結核菌を検出している。その診断の六ヶ月後、女性はペットの三歳半の雄のヨークシャーテリアが咳嗽、体重減少、数ヶ月にわたる嘔吐があったため動物病院に来院。尿道閉鎖があり、安楽死させた犬の肝臓と気管気管支リンパ節の検体から抗酸菌とPCR法により人型結核菌を検出。肝臓と肺、腎臓から人型結核菌を分離している。飼い主と犬から分離された株をIS6110を用いたDNAのRFLP分析の結果、十本のバンドの出現位置がすべて一致し、分子疫学的に同一由来の株と同定された。

この報告は同一由来株が原因となった人から犬への人型結核菌の伝播をゲノタイプで証明した最初の例である。

国内に目を向ければ、貴重な症例報告が最近発表されている。

麻布大学獣医学科病理学講座の宇根有美助教授と愛知県の開業獣医の内藤晴道先生は国内でおそらく初めて思われる、人から犬への感染例について報告している。

三歳の雄のミニチュアダックスフンドが一ヶ月前から咳をするようになったとのことで、二〇〇三年一二月上診。X線検査で胸腔内に腫瘤陰影が確認されたが、バイオプシー否定。治療に反応しないことや飼育者宅に結核治療歴のある患者がいることから、咽喉頭スワブと気管洗浄液を検査した。その結果、人型結核菌が分離された。人への感染の危険を考慮し、安楽死処置された犬の肺、リンパ節および肝臓から同菌が分離され、家人より分離された株とのIS6110のRFLP分析により同一パターンを示した。

諸外国では、犬の結核症から七五％の割合で人型結核菌が分離され、その八八％以上の犬が活動性結核症の人との接触があるとされる。

われわれは、パスツールとコッホという細菌学の両泰斗によって、限りない恩恵を受けてきている。

結核菌の汚染を心配することなく旨い牛乳を飲む幸福はいいものだ。

今は試験場勤務で現場での「ティービー・ブルセラ」の業務にはすっかり縁遠くなった。わたしにはやはり北部家保にいた頃、何時間にもわたって汗だくでツベルクリンや採血と格闘した後に馳走になった農家自家ブランドのカフェ・オレならぬコーヒー牛乳の口腔にしみわたるあのひとときの醍醐味が忘れられない。

第一四話

嫌われ胞子の一生

『嫌われ松子の一生』
二〇〇六年　東宝
監督：中島哲也
キャスト：中谷美紀
瑛太
伊勢谷友介

ジャック・デンプシー

わたしはその夜、札幌すすきのにある『バー　やまざき』で「ジャック・デンプシー」を飲んでいた。

ジャック・デンプシー（一八九五～一九八三）は狂瀾の二〇年代（ロアリング・トゥエンティーズ）に「マナッサの屠殺人」と言われた歴代屈指の世界ヘビー級チャンピオンである。大統領の名前は知らなくともジャック・デンプシーの名前を知らない者はいないとされた。

『すすきのバーテンダー物語』の著書のあるオーナー山崎達郎氏の作る「ジャック・デンプシー」のレシピは以下のとおりである。

ドライジン　2/3
バカルディ・ラム　1/3
レモンジュース　1/2ティースプーン
砂糖　1/2ティースプーン

以上をシェイクしてカクテルグラスに注ぐ。

どこで聞きかじったかもう記憶にないが、このカクテルの名前に心が揺り動かされ、爾来（じらい）オーダーを繰り返してきた。

残念ながら、北はすすきのから南の天文館のバーでこのカクテルをすんなり作ってくれたバーテンダーはこれまで一人もいなかった。海内無双（かいだいむそう）の『バー　やまざき』でも結局『新カクテール全書』木村與三郎著を参照にして作っていただいた。

わたしは厳冬の二月に拳聖の名を冠したカクテルを二階の隅のスツールで飲(や)りながら、ひとごこちつき、昼間の札幌全日空ホテルでの研究会の中身をゆっくりと反芻していた。

やがてドライジンの香りを嗅ぐと、意識はすでに南の島のこれも人の名を冠したある蒸留酒に去来していた。

佐久本氏の御酒(うさき)

琉球王朝時代の十五世紀の初頭にも遡るとされる泡盛づくりは、首里城周辺の三箇(さんか)と呼ばれた鳥堀、赤田、崎山の三つの字に住んで酒株を持つことを許され、泡盛職として認められた四〇の家々にかぎられていた。明治になってからは、届出さえすれば酒造免許が得られる制度になって、首里の酒造屋(サカヤー)は七七場に増えた。第二次大戦の直前のころにも、なお五〇軒以上のサカヤーが首里の一角にはあったという。

最も軒数の多かった鳥堀でも現在営業しているのは、明治二七年創業の「咲元(さきもと)」一社のみになった。銘柄の由来は創業者の姓である佐久本(さくもと)から採(と)られている。わたしの実家はその咲元酒造に隣接しており、子供のころは二代目の佐久本政良氏が主であった。物静かな立ち振る舞いながら、恐ろしく威厳があり、われら近所の悪ガキにとってはそばに居るだけで緊張させられた。

現在では県内には四七の酒造所（〇六年六月現在）があり、さまざまな地域で多くの銘柄が販売されているが、復帰前まではジョニ黒やホワイトホースなどの洋酒の人気におされ、業界も尾羽打ち枯らした状態であった。

そして、今日の隆盛の背景には、戦火での佐久本氏の黒麹菌（くろこうじ）にまつわるある逸話（エピソード）があった。ここには稲垣真美著『現代焼酎考』（岩波新書）で抜粋する。

生きていた黒麹菌

〈一九四四年一〇月一〇年、米軍の大空襲によって那覇は一日で焼野原になった。沖縄の戦況は日々悪化し、首里城には日本軍の司令部が置かれて、尚家の旧御殿を軍の参謀長が宿舎にしたのをはじめ、一般の住居も、住民は追い出されて兵隊たちが寝泊まりする有様になった。佐久本家も、奥座敷を通信隊の隊長とその部下に提供させられた。（中略）が、米軍は中部地区の北谷に上陸し、沖縄本島を分断する作戦に出た。首里はこれまで以上の空襲や弾雨にされされることになった。もはや止むなしと、佐久本さんは宝物のように大切に貯蔵しつづけた何十年ものの古酒をガジュマルの木の下に掘った壕にしまい、一部は土中に埋めた。そして、通信隊長と四、五十年ものの古酒（クース）を一夜飲み明かし、翌日南の島尻に避難した。通信隊長は餞別に煙草を五箱くれた。

その後、米軍の艦砲射撃は日ましに劇烈なものとなる。中部に上陸した米軍が南下して弾丸が終日飛びかうようになる。

沖縄の終戦は一九四五年の六月二三日だった。その前夜、島尻の南端の知念村の壕の中にいた佐久本さんは、明日あたりはいよいよ死を免れないだろうと考え、身じまいをした。もっていた安全カミソリで一ヶ月も伸び放題にしていたひげをきれいに剃(そ)り、シャツも下着も新しいものにとりかえた。

そして、翌日の昼間、気がつくと壕は米軍の戦車に入口をふさがれていた。何人かの米兵が銃を壕内に向けて「出てコイ、出てコイ」と日本語で呼びかけた。

住民たちは壕の外へ出た。佐久本さんも出た。米兵たちは、一人だけひげを剃り、身ぎれいな佐久本さんを奇異に思ったのか、しきりにその身分をたずねた。

「造酒屋(サカヤー)、サカヤー」と佐久本さんは沖縄語で叫んだ。

「OH!　SAKAYA!」

造酒(さかや)家の意味のわかる二世の米兵がいたらしく、たちまち佐久本さんは米兵から列外に出されて特別扱いを受けることになった。〉

〈そして年末のころ、佐久本さんは家業の首里の泡盛酒造場に帰ってみたい、と通訳を通じて米軍当局に申し出た。首里は元のおもかげもないほど廃墟と化しているときいていたが、やはり一刻も早く戻りたかったのである。そこへ、軍政府からも「サカヤーは早く泡盛をつくって住民の渇きを癒せ」という要請が出たので、それまで立入禁止だった首里に特別に帰ることを許すという証明書を交付された。

佐久本さんは収容所で再会した造酒屋仲間の四、五人ととるものもとりあえず首里へ戻ってきた。が、町の変貌ぶりはすさまじかった。

「生まれ落ちるとすぐにそこで育った首里で、四〇も五〇年も住みなれた土地のはずなのに、どこがどこやらまるで見当がつかない有様でした。自家の泡盛酒造場がどこなのか、手がかりになるものが一つもないのです。城跡もすっかり姿を変えていました。それほどまでに戦禍を被って、道路や起伏に富んだ丘や緑の木立までが、ただ一面に白っちゃけた焼野原に変わっていたのですから」

佐久本さんたちは元の造酒屋仲間は、それぞれの家を探しあぐね、野宿しながらようやくもと酒造場のあった焼土の場所だけをたずね当てる。そして、灰燼に帰した焼跡を掘り返した、埋めたはずの古酒の甕もみつからない。佐久本さんはやっと修理すれば使える蒸留機だけ発掘した。

佐久本さんは、とりあえずドラム缶に米や砂糖をぶち込んで醪（もろみ）をつくり、それを蒸留して泡盛製造をはじめることにした。が、そこまで手順は整えたものの、大事なことに気づいて困惑した。

「何ということだ。いくら原料の穀類や澱粉質や糖分はそろっても、かんじんの麹がなければどうしようもないではないかー」。酵母は、パン種（だね）のイーストを水で溶いて加えれば代用できるだろう。しかし、麹菌はどうにもならない。とくに泡盛は黒麹菌がなければつくれないのに……。

全島が廃墟となったも同様の沖縄で、その黒麹菌を保存、培養しているところなど、思いつかなかったし、あろうはずもないことであった。一晩中考えあぐねた佐久本さんは、明け方、何の妙案も浮かばず、寝られぬままに天幕から起き出して、蒸留機を掘り当てた酒造場の焼跡にたたずみ、一面灰白色になった地面にぼんやり見入った。

「おや、ニクブクが埋まっている」と佐久本さんはつぶやいた。そう気づいたとき、ある考えがひらめいた。「ニクブク」というのは、稲藁の茎の部分だけをとり出して編んだやや厚手の一種の莚のようなものだ。沖縄ではとくに泡盛の麹米をつくる場合、このニクブクを床の上に敷いて、その上に蒸米をひろげ、黒麹をまぶしてさらすようにして麹米をつくる習慣があった。ひょっとして、あのニクブクに黒麹菌が生きのこっていたら……と佐久本さんは思いついたのである。

それから、二四時間、佐久本さんは蒸米の箱に向かった祈るような気持ちであった。そして、二四時間経った翌朝、佐久本さんは蒸米の箱に近づき、くるんでおいた米袋を剥がしてみた。

どうだろう、蒸米はみごとに緑がかった黒色に一変していたではないか！

「生きていた、生きていたぞ黒麹菌が！」

あたりに誰もいなかったが、佐久本さんは思わず声をあげた。そして黒い麹米と変わった蒸米に見入りながら、ポタポタと涙を流した。これで泡盛ができる、むかしと同じにつくれるという喜びの涙だった。佐久本さんはこのときほど黒麹菌というものの存在をいとおしく思ったことはなかったという。

この灰燼（かいじん）のなかに生きのこった黒麹菌の再発見は、沖縄における泡盛の復活にもつながったのである。〉

ジャガイモの輪切り

培地とmediumいう専門用語がある。微生物を繁殖させる場合は、細菌なら細菌用のウイルスならウイルス用のそれぞれの病原体に適した培地を使用する。例えば、細菌を培養する場合、発育に必要な成分の入った培地を作る。ロベルト・コッホの数知れない功績の一つに純粋培養法の成果に結びついた固形培地の開発がある。コッホは最初、ふかしたジャガイモを輪切りにしたものを培地とし、さまざまな検体を接種した。そして、表面に発育したさまざまな色の小斑点が一つの菌の集合体（コロニー）であることを顕微鏡下で発見した。ジャガイモは多くの種類の細菌を培養するには不充分である。なにしろ炭水化物は豊富であるが、細菌の発育に必須なタンパク質が不足している。その後肉スープをゼラチンで固める固形培地に変わり、現在では寒天が使用されている。

サブロー氏の培地

コウジキン *Aspergillus* の仲間には泡盛を作るアワモリコウジカビ *Aspergillusawamori*、日本酒、味噌を作るニホンコウジカビ *A.oryzae*、醤油を作る *A.soyae* などがある。コウジカビは常在真菌であり、食品を腐敗させる代表的なカビの一つであるが、同時に、コウジカビはデンプンをブドウ糖に、タンパク質をアミノ酸に分解する性質が強く、発酵食品天国であるわが国では生活になくてはならない有用真菌である。アワモリコウジカビはクエン酸を産生する性質が強く、澱粉質原料液を酸性化（〜pH四・〇）して沖縄の亜熱帯の地域では麹を雑菌汚染から守ってくれる。しかもこの菌のアミラーゼは耐酸性が強く、産生pH域でもよく作用する。

真菌は糸状菌（俗にいうカビ）と酵母に分けられる。また、キノコは糸状菌の一種で、キノコと称するカサの部分は、菌類が一時的に作った子実体（しじつ）と呼ばれる大きく発達した繁殖器官である。糸状菌は菌糸 hypha という分岐性フィラメント状の多細胞性構造体により伸長発育する。栄養分のある環境条件のもとで有性生殖または無性生殖によって多量の胞子 spore を作りだし、胞子はやがて膨化し、発芽管を形成し、それが次第に伸びて長い菌糸となる。この繰り返しによりカビは増殖し続けていく。胞子は菌種特有の色調があるため、コロニー全体は着色してみえる。このため、糸状菌を同定する場合には大きな指標となる場合が多い。酵母は真核の単細胞性の微生物である。栄養は外部の有機物を分解吸収することによる。外形は、球形、卵円形、楕円形、レモン形など様々で多くは三〜四㎛径の大きさをもつ。

糸状菌と酵母の生理活性は泡盛を例にとると判りやすい。

泡盛の原料はほぼ一〇〇%近くタイ米であるが、この澱粉のタイ米をアワモリコウジカビの糖化作用によりブドウ糖に変えていく。ブドウ糖は酵母によりアルコール発酵されて醪（もろみ）となる。酵母によるアルコールはせいぜい二〇%足らずであるから、最終的には醪を蒸留して四〇度以上のアルコールである泡盛となる。なお、アルコール発酵には世界中で酵母が使用されるが、わたしがメキシコで毎晩たしなんでいたテキーラは、例外的にザイモモナス *Zymomonas* と呼ばれる細菌をアルコール発酵に使用している。

真菌は細菌と違い、一般にタンパク質よりも炭水化物を好む性質がある。パンや正月の餅がコウジキンやアオカビの汚染を受けるのは身近によく見られる例である。また、一般に細菌は弱アルカリ性、真菌は弱酸性が至適条件である。

一方、真菌には嫌われものとして一生を過ごす連中がいる。病原性真菌がそれである。

真菌用の培地にサブロー培地というのがある。医真菌学の鼻祖をいわれ大著『LesTeignes（白癬）』を著したパリのサン・ルイ病院のレイモン・ジャック・サブローRaimondo Jacques Sabouraud（一八六四〜一九三八年）によって二〇世紀の初期（一九一〇年）に開発された培地である。医学、獣医学の臨床検体からの真菌の分離にもっとも広く常用されている。サブロー培地の組成はひどくシンプルで、肉エキス（一％）と高濃度のブドウ糖（四％）しか栄養分は含まれていない。低いpH五・四〜五・八で細菌の発育を制限し、病原性のあるほとんどの真菌をある程度まで選択的に増殖させる。ただし、栄養分が乏しいため、臨床材料からの初代分離には、皮膚糸状菌の場合を除けば、推奨できない。

手作り培地のすすめ

わたしが中央家畜保健衛生所にいた頃、ミツバチの幼虫（蛆）に寄生し、全滅させる「チョーク病」という届出伝染病の病性鑑定を行ったことがある。チョーク病は文字通り、蛆が真菌の一種である子嚢(しのう)菌類に属する *Ascosphila apis* に汚染され、チョークのように白く堅くなって死んでしまう感染症である。真菌にはこのように生物の水分を吸収し、保存に適したものに変える生理活性がある。この好例は鰹節のカビ付けに使われれる *A.glaucus* グラウカスで、低水分、高塩分でも増殖できる。これにより水分が抜けると共に余分な脂肪が分解され、独特の芳香、光沢が出る。日本の鰹節は世界で最も堅い食物だといわれるゆえんである。

A.apis のような好稠性菌類はサブロー培地のような通常の真菌用培地にはなかなか発育してくれず、M４０Yという砂糖が四〇%も入った麦芽エキス入りの培地を必要とする。Mは麦芽 malt、Yは酵母 yeast、４０は砂糖四〇%の意。この培地は特殊培地で勿論市販されていないから自製する。１kg入りのグラニュー糖を横目にせっせと電子天秤で秤量するのはさながらスイーツ作りそのものの光景である。また、出来上がった培地はモルトも入っていることもあり、香気馥郁(ふくいく)たるビール臭も漂ってくる代物。余談ながら、実家が泡盛の酒蔵と菓子店の両隣に丁度挟まれて育ったせいか、わたしは両方いける口になってしまっている。

M４０Yなどのようにわれわれの世界では培地を自製することがままある。

やはり、ミツバチの細菌感染症である法定伝染病のアメリカ腐蛆(ふそ)病の分離培地にはニンジンエキスの入ったHS変法培地というのを使用する。

また、とくに植物病原菌の分離に使用されるV-8ジュース寒天培地というのがあり、文字通り市販のV-8ジュースを用いるが、これなんかはまるでカクテルのブラッディ・メアリを彷彿させる。

君知るや、真菌同定

発酵学の世界的権威である東京大学名誉教授坂口謹一郎博士は一九七〇年（昭和45年）四月号の雑誌『世界』に「君知るや、銘酒泡盛」という論文を記した。「黒麹菌という不思議なカビを育てあげ、泡盛という名酒を造りだした沖縄県民の素質と伝統に、限りない魅力を感ずる」という内容で、泡盛の良さが学術的にも認められ、泡盛を世に知らしめるきっかけとなった。

わたしは泡盛を産湯に使ったような環境にあったため、坂口先生の講釈によらずとも判っているつもりであるが、病性鑑定の「真菌同定」には苦労させられた。

細菌の同定の場合は、今では市販の簡易同定キットが完備され、他種類の病原性細菌が比較的簡単に同定できる時代になっている（もっともその多くは人用に開発されているため動物の病原細菌に応用するのはある程度限界がある）。

しかし、真菌とくに糸状菌の菌種同定は困難を極める。まず純培養を行って、肉眼観察および顕微鏡的な形態観察のプロセスをとる。平板培地の菌を接種し、数日から場合によっては四～八週間かけてコロニーの発育速度を調べる。そうして出来あがった巨大コロニーをシャーレの表面と裏面から色調の観察を行う。

顕微鏡観察では、「スライドカルチャー」と呼ばれる独特の検査法がある。操作は煩雑であるが、無性胞子である分生子のサイズ、外形、着生様式、配列などが形態観察が行える。

わたしは一時、牛の乳房炎の病原真菌の研究をやっている時に、乳汁から分離される真菌の同定をよく経験した。当時、日本医真菌学会にも所属し、師匠もないまま徒手空拳で試みたが、やはり属の同定まではなんとか可能でも種の同定までは到底無理であった。

当時、よく参考にさせていただいた病原真菌の第一人者である千葉大学教授（現在名誉教授）、宮治誠博士の『カビと病気』（自然の友社）から先生の若かりしの失敗談をそっと覗いてみよう。

〈私が真菌症の研究を手さぐりではじめた大学院四年目の時です。当時の千葉大学医学部眼科の鈴木宣民教授（現名誉教授）に、角膜の化膿巣から分離したカビの同定を依頼されました。まだ真菌の研究をはじめたばかりで、皮膚糸状菌やカンジダくらいしか知らなかった私は、内心困ったことになったなと感じましたが、若気のいたりで「できません」とはいえず、同定を引き受けてしまったのです。

さあ、それからがたいへんです。それこそ参考書と首っ引きで培養・同定にとりかかり、なんとかアスペルギルス・フラブス（*Aspergillus flavus*）であろうと見当をつけ、さっそく鈴木教授に報告しました。すると教授は「アスペルギルス・フラブスによる角膜真菌症の報告は初めてだ」とたいへん喜ばれ、当時は貴重品であったジョニーウォーカー、の黒ラベルを頂だいしました。意気揚々とそれを医局に持ち帰りその夜仲間と空にしてしまいました。

二週間後、再び教授に呼ばれ、「さっそく論文を書いてみた。カビの記載のところを見てください。なにしろ世界で第一例になるかもしれません」とタイプされたばかりの英文原稿を手渡されました。それを教室に持ち帰りながら、私は急に心配になってきました。同定が正しいかどうか自信がなくなってきたのです。いても立ってもいられない気持ちで、それこそねじりはち巻きで再同定にとりかかりました。その結果はなんとこの分離株はアスペルギルス・フラブスではなく、アスペルギルス・フミガーツスによる角膜真菌症（keratomycosis）は、すでに世界各地で報告されていました。私は鈴木教授のもとへ出向き、

「先生、実はフラブスではなくフミガーツスでした」

と恐る恐るご報告申し上げたところ、教授は、

「エッ！」

といったきり、しばらくあとの言葉が出てきませんでした。その時の教授のお顔がいまでも懐かしく自戒をこめて思い出されます。〉

作者の愛したカビ観察

ある日新聞を読んでいると『博士の愛した数式』（05年）の映画化で大ブレイクした芥川作家の小川洋子の趣味が「カビの観察」とあった。いろいろな人達の趣味を見てきたつもりだが、「おぬし、できるな」という気持ちにさせられた。

紙面からはどういう観察をやっているかは仔細には判からなかった。しかし、『薬指の標本』(04年)がフランスで映画化され、『ファーブル昆虫記』が子供の頃の愛読書であったという、あの静謐で透明感のある文体の作者のテイストからすれば充分に納得させられる。『薬指の標本』はありとあらゆるものの標本(中には音楽までも)を作るのが仕事であるファナティクな標本技師とその助手に雇われた若い女性の物語である。映画の冒頭でも、キノコの標本のシーンが出てくる。

あれはまるで「スライドカルチャー」の世界である。小川氏は夜な夜な培養器に収められたカビで覆われた寒天培地の小片を顕微鏡で観察しているのだろうか。

それとも、シャーレの上からゆっくりと蓋を取り、実体顕微鏡でためつすがめつ、さまざまな光線をあてながら巨大集落を眺めているのだろうか。

牛の皮膚糸状菌症

動物では真菌による疾病は、牛の皮膚糸状菌症が最も重要である。これは *Trichophyton verrucosum* という好獣性白癬菌がほぼ一〇〇%近い原因菌となる世界各国でみられる皮膚病である。比較的ホルスタイン種より肉牛の黒毛和種に多く、集団で飼育される八ヶ月齢から二歳位までの若い肥育牛に好発する。肥育牛は狭い環境でお互いが濃密に接触して過ごす場合が多く、その分、菌が伝播しやすいようだ。好発部位である目の周囲や頸部にかけて大小の類円形の脱毛が多発し、病変部は灰白色の厚い鱗屑（りんせつ）が被毛を覆っている。沖縄県では冬から春先に多くみられ、わたしは以前、宮古島でかなり重度の肥育牛の集団感染例を経験したことがある。一度、感染を受けると免疫が成立し、成牛には比較的少ない。

白癬菌は特徴は何といっても皮膚の角質部への嗜好である。真菌は類い希な悪食（あくじき）で、アルミニウムやプラスチックを腐食させるもの、pH一の強酸性の万年筆用インクで増殖するものなど多士済々である。

毛、爪、皮膚などの角質部は死んだ細胞によってできているため、土壌などにいる角質分解菌は自然界のリサイクル屋である。皮膚糸状菌もこれらの一部をなしている。

子牛の皮膚糸状菌症

牛の皮膚糸状菌症は抗真菌剤の内服や消毒薬の牛体散布などの治療法はある程度確立しているが、経済性や省力的な見地から重篤なものを除けば根本的な対策は採られていないのが現状である。しかし、重症例では掻痒感による肥育効率の低下も充分考えられることから日頃の衛生管理が望まれる。

菌の検索では脱毛のある部分や鱗屑のある箇所は既に菌は消滅していて、培養しても陰性になる例が多く、一見正常に見える皮毛の方が分離率は高い。通常真菌の場合は二五～三〇℃で培養する事が多いが、*T.verrucosum* は細菌と同様に三五〜三七℃の方が良好に発育する。菌の発育にはサブロー培地やブレインハートインフュージョン培地にチアミン（ビタミンB1）とイノシトールの添加を必要とする。発育は遅く一四日〜二一日を要する場合がある。

Trichophyton verrucosum もズーノーシスの一種の原因真菌である。牛に感染している場合はそんなに激しい掻痒感はないが、これが人に感染した場合、かなりの炎症の激しいタムシをおこす。皮膚糸状菌には好人性皮膚糸状菌、好獣性皮膚糸状菌、好土皮膚糸状菌の三種に区分される。後の二種が人の皮膚に感染すると、元来が人につく菌ではないため生体は過剰な防御機能を発揮するためである。以前、北部の国頭村にあった沖縄県乳用牛育成センターで職員が保菌牛から感染した例をみたことがある。

犬、猫の皮膚糸状菌症

犬と猫を主な宿主とする代表的な皮膚糸状菌は *Microsporum canis*（犬小胞子菌）である。犬小胞子菌は一九五〇年頃までは北海道のみに分布していた菌であるが、ペットブームの到来により現在は全国的に蔓延するようになっている。

犬小胞子菌は世界各国に分布し、罹患動物が犬、猫、馬、牛、羊、山羊、豚、チンパンジー、ライオン、ゴリラ、キツネ、ジャガー、トラ、オランウータン、コウモリ、ロバ、ウサギ、チンチラ、モルモットなどと多岐にわたっている。

また、人の白癬の原因菌にもなっており、わが国では *Trichophyton rubrum*（紅色白癬菌）と *T.mentagrophytes*（毛瘡白癬菌）が圧倒的に多いが、それに続くのがこの犬小胞子菌である。感染した動物から人へ伝播すると、しばしば頭部白癬(シラクモ)や体部白癬(タムシ)を引き起こす。

犬、猫が感染すると、体表のあちこちに円い脱毛ができる。掻痒感はそれほど強くなく、脱毛した皮膚の周りは通常カサブタ（痂皮）で覆われることが多い。治療は抗真菌剤の内服と外用を行う。

シルエット・ロマンス

わたしは、つまみのピーナッツを口に入れ、微かな塩気を味わいながら『ジャック・デンプシー』を飲み干した。

マスターの山崎氏はやおらハサミを取り出し、わたしの斜め向かいに移動した。聞くと興が沸けば客の横顔をシルエット（切り絵）してくれるという。なるほど店の棚上にズラリと四〇〇冊以上のものスクラップブックが並んでいた。開店（昭和三三年）以来、ほとんど毎日何人かの切り絵をしてきたという。所要時間はせいぜい一分から一分半くらいである。客は酒が入るとなかなかじっと横を向いてくれないらしい。

わたしは「お願いします」と優しく声をかけた。

気品のある老齢のマスターは、時々首をかしげながらやや戸惑う感じでさかんに手を動かしていた。

やがて、マスターは出来上がったばかりの作品を黒い背景紙に入れ、わたしの前に差し出した。

わたしは、生まれてはじめて見た自分の横顔をじっと眺めた。もうだいぶ酔いが廻ってきたようだった。

そのシルエットは、いつかボクシング雑誌で見たことのあるジャック・デンプシーに十一ラウンドに叩きのめされた挑戦者（チャレンジャー）に瓜二つであった。

第一五話

毒薬と令状

『毒薬と老嬢　Arsenic and Old Lace』
一九四四年　アメリカ
監督：フランク・キャプラ
キャスト：ケーリー・グラント
レイモンド・マッセイ
ジャック・カーソン

天の網

「天網恢恢疎にして漏らさず」（『老子第七三章「天網恢恢、疎而不レ失」』）

天網は目が粗いようだが、悪人を漏らさず捕らえる。天道は厳正で悪事をはたらいた者には必ずその報いがある。

天が張りめぐらした網。悪事に対して天道の厳正なことを網にたとえた語。

字面の禍々(まがまが)しさと正鵠(せいこく)を得た教訓にわたしなどは思わず沖縄口(うちなーぐち)でいうところのウチアタイを何度もしてしまう。

一九八六年　うりずん　石垣島

一九八六年五月一九日、時季はうりずん。大阪からある新婚夫婦が那覇空港に到着した。その日二人は本島南部を観光し、那覇市内のホテルで一泊。翌二〇日午後〇時、三三歳のこの新婚の女性は、東京からきた女友達三人と那覇空港で落ち合い、石垣島へ飛び立った。四六歳の夫は仕事で大阪に帰るため、そのまま那覇空港に残った。女性は石垣市のリゾートホテルに到着後、間もない午後一時二〇分頃から、吐き気と手足のしびれを訴え、嘔吐などの症状を呈し、救急車内で突然心肺停止に陥り、病院搬入後まもなく死亡した。病院から届け出を受けた八重山警察署は、当時琉球大学法医学の大野曜吉助教授(現日本医科大学法医学教室教授)のもとに解剖を依頼した。のちに日本中を震撼させる「トリカブト事件」のプロローグであった。

行政解剖と承諾解剖

死亡は大きく病死（自然死）とそれ以外の死（変死）に分けられる。病死の場合は主治医等の診断書が出されるが、病死以外の死の場合は医師は二四時間以内に所轄警察署に変死届けを出さないといけない（医師法第二一条）。届出を受けた警察は明らかに犯罪に関係していると判断した場合は司法解剖が行われる（刑事訴訟法第一二九条）。そして明らかに犯罪とは判断できないが、何らかの疑わしいと判断した場合は、行政解剖に付することができる。行政解剖は死体解剖保存法に基づいて行われる解剖であり、東京二三区、横浜、大阪、名古屋、神戸の五都市では都道府県知事に任命された監察医が行う。それ以外の地域では大学の法医学教室が中心となり、行政解剖システムの一つである家族の承諾を必要とする承諾解剖が行われる。

承諾解剖は女性が死亡した翌午前中に行われ、大野は約二時間かけて通常通り解剖を行った。「外傷による死亡とは考えられず、病的な所見もなく、肉眼的には急死の所見だった。もちろん胃内容も開けて確かめたが、特に異常はなかった」一死体検案書の死因の欄には「急性心筋梗塞」と記入された。「この例に限らず、解剖しても死因がはっきりと分からないケースは、もやもやとした気分が残る」大野はこのとき心臓と諸臓器の一部をホルマリン固定したほか、万一の場合に備えて、試験管二本分（三〇㎖）の心臓血を採取、冷凍保存している。この時、八重山病院から当時の副院長の大浜長照氏（現石垣市長）が立ち会っている。

解剖後の詳細な病理組織学的検査の結果でも、心筋梗塞を強く示唆する所見は得られず、大野にとって「なんとなく釈然としない」状態が続いていた。

当時、琉球大学では剖検直後、肉眼所見に基づいて遺族に死体検案書を発行するのを常としていた。検案書発行にあたって、警察署内で夫と数分間面談したときの状況を、大野博士が自らその章を執筆した『事件からみた毒－トリカブトからサリンまで』（Ａ・Ｔ・Ｔu編者、化学同人）で再現してみよう。

〈さて検案書発行にあたって、警察署内で夫と数分間面談した。

夫「昨日は取り乱しましたが、今日はもう心の整理がつきました」

筆者「（若い奥さんをもらったばかりなのに、随分早く整理がつくもんだな。それとも40を過ぎるとそんなものだろうか）」

筆者「心臓による急死を起こすことがあり、刺激伝導系というのがあって……」

夫「その刺激伝導系というのは知っています。二番目の妻が長く心臓を患っていたのでわたしの少し勉強をしましたから」

夫「覚醒剤は使っていなかったでしょうか」

筆者「必要があれば検査します」（なんだこいつは。なぜ、自分の女房を疑うのだろう）

夫「一番目の妻は三年前に心筋梗塞で、二番名は昨年ウイルス性心筋炎で亡くなっています」

筆者「（ほう、二人とも心筋梗塞というわけではないのか、それなら完全な病死だから問題はなさそうだ）」

夫「臓器はすべて返していただけましたでしょうか」

筆者「検査に必要なもの以外はすべてお返ししてあります」（変なこと聞くなあ）

などのやり取りとその時の印象がいまも鮮明に記憶されている（括弧内はそのときの筆者の印象である）。〉

大野は剖検が終わり、夫への説明と死体検案書の作成を終えたものの、何か釈然としないものが残った。それは二人の会話を聞いていた調査官も同じであった。帰りの飛行機の中で、保険関係はチェックしておいたほうがよいだろうということになった。

一通の投書

五月の末、新潮社の『FOCUS』の記者から大野に電話が入る。

東京のある女性から「沖縄で死んだ友人の死に不審がある」という投書があり、調査しているが、解剖されているとのことなので話を聞かせてくれないかということであった。

大野は遺族以外のものに話すことはできないと断るが、記者はそれでは自分の調べた結果だけでも聞いてほしいと話した。

これによると、夫が市販のカプセル剤を大量に購入していたこと。注射針や注射筒、精製水や純エタノールを購入していたこと。そして夫受け取りの三井生命など四社合計一億八五〇〇万円の生命保険が掛けられていたこと。契約は死亡の約一カ月前に集中し、その合計掛け金は約四〇万円以上にのぼっていることなどが次第に明らかになっていく。

心室細動を引き起こす薬物

大野にとって幸いだったのは、女性が病院で死亡したため、カルテが入手できたことである。「心電図を見ると、心室細動が見られ、これが解明のキーワードになると思われた」。そこで琉球大学薬理学、薬剤学の専門家の協力のもと、心室細動を起こす薬剤のリストアップが行われた。まず浮上したのが、ジギタリス、抗不整脈薬（キニジン）、重金属。

ごく微量の一血液で検査可能なため、容易に検査に踏み切れた。ジギタリス・キニジンはTDX（蛍光抗体による薬物モニタリング用分析装置）で、重金属は発光分光分析により検査したが、結果は陰性だった。作業は続けられた。心室細動を起こすという条件のみならば、多くの薬剤が候補に挙がるが、血液試料は採取した〝虎の子〟の三〇㎖にすぎず、「場当たり的な検査はできなかった」。このためカプセルに入るような少量で、吐き気や嘔吐、手足のしびれ感が起こり、心室細動で死亡するものを選択する必要があった。

そして、教科書類を検索していくうちに、『裁判化学　薬物分析と毒理―その応用』（廣川書店）

のトリカブトの記載に行き着く。症状がよく似ていること、その毒性分であるアコニチンの致死量はわずか三〜四㎎であることがわかる。

トリカブト毒

トリカブト *Aconitum* 属はキンポウゲ科の多年草で、約三〇〇種類がヨーロッパやアジアなど、北半球の温帯以北に広く分布し、国内では数十種類が沖縄を除いた全土の山に自生している。秋には青紫色の美しい花を咲かせることから、生け花など観賞用として珍重されている。

文献的に症状、致死量ともに確認されたほか、夫が純粋エタノールを購入していたとの情報があり、実際にエタノールにトリカブトを浸し抽出できた物質をネズミに投与してみたところ、目の前でバタバタと死んでいったという。しかし裁判資料に直結する法医学鑑定においては、机上の論理は用をなさない。焦点は急死した女性の血液からトリカブト毒を検出できるかに移った。

当時、トリカブト毒であるアコニチン型アルカロイドの血中からの検出法の報告はなかった。しかもトリカブトのために、貴重な血液の多くを使い、検出されなかったときのことを考えると、検査実施は慎重にならざるをえなかった。

八七年二月、琉球大学に冷凍保存されていた微量血液の一部は、東北大学に移され、その結果、血中からは aconitine（二九・一ng／㎖）、mesaconitine（五三・一ng／㎖）などが検出された。女性の急死から約一年後の五月、大野は死因などの鑑定結果を沖縄県警に報告している。

横領容疑の逮捕令状

「死因はトリカブト中毒による急性心不全」と一九九〇年一〇月一一日、大野教授は東京高裁に証人として出廷し、証言した。

夫は、妻が死亡した年の暮れ、保険金支払いを拒否した保険会社四社を相手取り、民事訴訟を提起していた。九〇年二月、第一審判決で夫は勝訴したが、保険会社が控訴、教授に証言の依頼が入ったのである。一か月後、夫は訴訟を取り下げた。

九一年六月九日、夫はまず勤務先の会社での横領容疑で警視庁に逮捕され、七月一日、本件の殺人容疑で再逮捕ののち、二三日、東京地検によって起訴された。

帰結

一人の女性の急死から八年以上が経過した。仮に検案のみで処理されていたら事件は発覚しなかったであろう。質量分析装置がない世なら毒の特定は不可能だっただろう。そして承諾解剖の際に採取した試験管二本分の血液がなかったなら、今も八方ふさがりの状態が続いていたであろう。

一九九四年九月二二日の第一審判決は無期懲役、その後高裁控訴棄却、二〇〇二年二月二一日、最高裁上告棄却、無期懲役が確定した。

偶然性

この事件ほど、天の網の巡り合わせを思わずにはいられない。これは以下の偶然性が重ねられなければ完全犯罪として成立していたはずである。

大野教授は当時、琉球大学医学部法医学教室に新任の助教授として、出身大学の東北大学助手から赴任したばかりであったこと。

東北大学では、東北地方に多かったトリカブトの誤食による中毒事件が散見されていたので、付属病院薬剤部の水柿道直教授が最新の大型質量分析装置が導入し、その臨床診断に応用していたこと。

東北大学部薬学部の疋野宏教授は生薬の専門家だが、実は世界的なトリカブトの権威であり、診断の一助に必要なアコニチン、メサコニチンなどの標品が提供可能であったこと。

そして、高性能質量分析装置を用いた微量分析法が確立されたのが、その年（一九八六年）の末であったこと。

エピローグ

逮捕後、夫は猛毒のクサフグを大量に購入していたことが判明した。そして、東京大学農学部の野口玉雄博士によって、琉球大学に保存してあった被害者の血液から実際にフグ毒が検出されたのである。

文献を渉猟していくと、さらに驚くべきことが判明した。フグ毒であるテトロドトキシンとトリカブト毒であるアコニチンとは非競合的拮抗物質であった。

これで事件のもう一つの謎といわれ、夫がアリバイを主張する根拠となっている、那覇空港で別れてから発症するまでの一時間半の空白が説明できた。

その後、マウスを用いた大野教授の実験により、アコニチン中毒による死亡時間が、テトドロトキシンによって延長し、また死亡率の低下も観察された。これは興奮性細胞膜のナトリウムチャンネルにおける両毒物の拮抗作用であると解釈された。

もう一つのエピローグ

一九九一年一〇月から始まった第一審は、第二回と第三回の証人尋問で激しい応酬があったという。

前出の水柿教授の証人尋問時に、被告人は自ら熱心に質問を投げかけた。細かい英字や数字の意味を逐一確認し、納得するまで執拗に問いただしたという。それはさながら、ベテラン専門家へ教示を乞う新米研究者のようであったと大野教授は著書の中で述べている。

裁判のなかで被告人のプロフィールも次第に判明してくる。

被告人は実母によってトリカブトによって毒殺されそうになった仙台藩初代藩主、伊達政宗のゆかりの地、仙台で育ったこと、そして父親が東北大学の教授であったこと。

動物の有毒植物中毒

動物の病性鑑定はどの分野の検査であってもそれなりの困難や障害を伴う。次から次へと検体が入ってくれば、時間や予算の制約が出てくるし、経済動物であるため、多少の疑問点は犠牲にして処理していかなければならない場面も当然ながら生じてくる。

特に中毒が疑われるケースはその傾向が高いと思える。県の家畜衛生試験場でできる分析の範囲には、人的資産、器具機材、予算等に制限があるし、国の専門機関との技術のタイアップも必然となる。場合によっては専門家のいる大学や民間の研究機関との協力も視野に入れなければならない。

戦場（いくさば）の花

那覇市から国道五八号線を北上し、浦添市の牧港補給基地あたりにさしかかると、米軍の金網フェンスから濃い桃色のあざやかなキョウチクトウ *Nerium indicum* が顔を覗かせる。そこから普天間飛行場、キャンプ桑江……嘉手納弾薬庫と基地が延々と続き、どこにも同じようにまたキョウチクトウがフェンス内を隠微する光景が連なる。

キョウチクトウは大気汚染に強いという理由で全国の工場、高速道路で植えられている。葉の裏側にある気孔には特殊なフィルターの役目をする毛があり、有害物質を排除する作用があるという。

排気ガスは入れないだろうが、それ自身には有害な毒を持つ。

植物毒の大半はアルカロイドである。アルカドイロは窒素を含むアルカリ性の分子で、神経ホルモンにそっくりであるため、神経線維の末端部に入りこんで神経の作用を狂わせ、毒性を発揮する。

心筋に特異的に作用し共通の化学構造上の特徴を有するステロイド配糖体を強心配糖体と称する。強心配糖体の天然界での分布は以外に広く、特にユリ科、ゴマノハグサ科、キョウチクトウ科に多く見られる。一般に、強心配糖体は薬理作用が激しいので劇薬に相当するものであるが、毒性にいたる極量と薬効を示す必要量との差が小さい。したがって、薬用として用いられるのはジギタリス、ストロファンツスなどに限られ、大半は致死性有毒成分として薬用には適さないとされている。

キョウチクトウには種々の強心配糖体が含まれ、量的にはオレアンドリンが最も多く含まれる。葉、花、枝、茎、樹液の全ての部分に含まれ、煙でさえ猛毒を出すとある。有毒物質の量は開花時期が最も多いとされ、致死量は乾燥葉として五〇㎎／㎏（牛、経口）と報告されている。

アレキサンダー大王の軍団

かつてこの地中海原産の植物はアレキサンダー大王率いる軍団をはじめとする多くの人が犠牲になり、日本でも西南の役のとき官軍の兵がこの枝をはしの代わりに使って中毒したという話も伝わっている。近年では一九七五年フランスの若者がバーベキューの串を忘れたばかりに、小枝を代用して一一人中七人が死亡する惨事が起こっている。

家畜のキョウチクトウ中毒

家畜もまた中毒事例は枚挙にいとまない。国内では山梨県で発生した報告が最も発生頭数が多いとされている。

山梨県西部家保の小澤俊彦氏の報告によると、一九八七年六月韮崎市において、八〜一五カ月齢の乳用肥育牛七〇頭に野草を給与したところ、全頭が下痢。重症例では呼吸困難、脱力がみられ、四頭死亡、二頭が廃用となった。剖検所見は第四胃、小腸粘膜の充出血等がみられている。血清生化学検査では血糖、BUNの上昇、コリンエステラーゼ活性の低下。野草中にキョウチクトウが混在しており、胃内容、血清から配糖体を検出している。キョウチクトウ中毒の診断法は、消化管内容からオレアンドリンを固相抽出し、液液分配などにより精製し、薄層クロマトグラフィー（TLC）で検出する方法があり、確定にはTLCに比べ感度が一〇倍高いとされる高速液体クロマトグラフィー（HPLC）および質量分析計（MS）が用いられている。

中毒症状としては、疝痛、下痢、頻脈、運動失調、食欲不振などが報告されているが、いずれも特徴的なものではなく、動物の急死によって気づくことがほとんどであるとされている。

沖縄ではオキナワキョウチクトウのことを「ミフクラギ」「ミーフックワー」という。樹液にも毒があり、目に入ると目が腫れることから由来している。県内でもキョウチクトウ中毒は最近でこそあまり聞かなくなったが、かつてはわたしの知る範囲でも伊是名島、本部町、金武町……と発生があった。どれも肉用牛や乳用牛が犠牲になり、僅か葉の数枚を摂取しただけで発症、死亡した事例も報告されている。

最近のキョウチクトウ中毒

二〇〇四年六月八日、石垣市の母牛四〇頭飼育の繁殖農場で、他の農場からもらった牧草ロールを給与したところ母牛二頭が死亡し、三頭の起立不能個体が確認された。翌九日には家保が立入りしたところ、三頭死亡、二頭が新たに発症した。症状は茫然佇立、体温低下、心悸亢進、血便が認められた。一〇日にはさらに二頭が死亡するが、その後の発症はない。母牛が死亡するものや起立不能の牛がみられた。

死亡牛一頭の剖検所見は心内膜の出血、消化管漿膜および粘膜の出血、血様腹水の貯留等が認められた。病理組織学的検査では、心臓及び骨格筋、肺の間質や肝臓、脾臓で中~重度の出血が認められた。

給与されたロールには通常の牧草の他にはシロバナセンダン草などの野草も混入していたが、有毒植物は確認できなかった。

疫学調査によれば、農場裏手に道路脇に大きなキョウチクトウがあり、その下を牧草運搬車が通ったことが判明し、木の下には多数の落ち葉と、車両が通過した際に折れたと思われる枝が数本下がっているのが確認された。

血液生化学検査では血小板数の低下と肝機能関連項目の著しい高値が認められた。

生化学検査では疫学から最も可能性の高いキョウチクトウ中毒を疑い、消化管からのオレアンドリンの検出を行った。TLCでは消化管内容からは特異蛍光は検出されなかったが、HPLCでは小腸内容から〇、八一六μg／mlの濃度で検出された。

PCRによる診断

この病性鑑定を実施した家畜衛生試験場の生化学担当の座喜味主任研究員は、DDBJ（DNA Data Bank of Japan）のデータベースからセイヨウキョウチクトウ（キョウチクトウはデータベースに記載なし）の18SrRNA遺伝子に基づいたプライマーセットをデザインし、石垣市と大阪府から提供を受けたキョウチクトウを材料にしてDNAを抽出し、PCRを行った。その結果、セイヨウキョウチクトウと18SrRNA遺伝子の一部が一〇〇％一致することが判明し、葉抽出DNA検体の10^{-8}まで検出可能であった。

山羊のコバブンギ中毒

現在、浦添市牧港で総合動物病院の院長をやっている又吉栄忠先生は一九六四年から六六年にかけて、家畜衛生試験場に勤務の頃、琉球畜産試験場羽地支場（現北部家畜保健衛生所）で続発した山羊のコバブンギ（ニレ科に属する灌木）中毒を報告している。

一・脂肪組織の点状出血、肝細胞の壊死・変性、腸管の浮腫・出血等の中毒様病変があり、二・野生するコバブンギの給与を停止したところ死亡はなくなり、三・実験給与により家兎および山羊を斃死することができたことから、本症例をコバブンギ中毒と診断している。

「八月踊り」の島で

宮古島と石垣島は約一三〇㎞離れており、ほぼその中間に多良間島（たらま）がある。島の豊年祭「八月踊り」は国の重要民俗無形文化財に指定され、奉納舞台は琉球王朝時代の宮廷舞踊を今に伝える一大絵巻である。そこからさらに一〇㎞の北方に位置する島が水納島（みんな）である。僅か二．五キロ平方メートルの珊瑚礁に囲まれた美しい島は、かつては多数の住民が住んでいたが、移民政策で宮古島に移り、宮国さん一家族七名の親兄弟が畜産を中心に生計を立てる。

一九八七年の九月二七日から一〇月九日にかけて、水納島で飼育されている放牧の肉用牛の繁殖母牛六九頭のうち五頭が次々と急性の経過で斃死した。さらに一〇月一三日に発症した個体がいたが、治療の結果、予後不良とみなし、一〇月二一日に鑑定殺をしている。

主な臨床症状は泡沫性流涎、苦悶、横隔膜の痙攣、呼吸困難、眼球振盪、四肢の強直および身体の震顫などを主徴とする神経症状であった。体温は全頭とも正常であった。

病理解剖所見は、気管の充出血、泡沫の貯溜、肺の黒赤色化、充血、肝の腫脹、充血が主であった。二頭の牛でそれぞれ腎の出血と肝硬変が認められた。第一胃内容からグンバイヒルガオの葉、茎、種子が多数検出された。

病理組織学所見は、肝の著明な小葉中心性の壊死、洞の拡張、間質の肥厚、核の消失が認められた。

血清生化学検査は特に異常は認められなかった。細菌検査は鑑定殺の個体のみ実施したが、有意な細菌は検出されなかった。イバラキ病ウイルスのＨＩ抗体については、発症牛および同居牛とも全例陰性であった。

当初、臨床症状から原因の一つに推定されたグラステタニーやバッタ駆除に使用された有機燐系農薬による中毒も血清マグネシウムやコリンエステラーゼの検査値から否定されている。

疫学調査では以下の事が判明した。

一・本年は例年になく自然的悪条件が原因で牧草不足の状況にあった。二・発症した牧区は他の牧区に比較し、グンバイヒルガオが最も多く自生していた。三・発症牛の胃内容からグンバイヒルガオが多数検出された。四・グンバイヒルガオの自生していない牧区に牛を移動後、一定期間経過してからは牛に異常は認められていない。

わたしは当時、宮古家保の防疫衛生課にいた。その時の多良間駐在の技師だったのが、現在の中央家保の貝賀眞俊主任技師であった。貝賀は初発例から船で二〇分の水納島まで何度か往復し、病性鑑定をおこなっている。離島のさらなる離島のハンディもあってなかなか思うような検査もままならない。生化学検査に用いた血液サンプルも荒波の中で揺られた小型船の中で溶血をおこし、一部のデータが参考値にしかならなかった。

グンバイヒルガオ

グンバイヒルガオ *Ipomoea pes-caprae* は漢名を二葉紅薯、方言名をアミフイバナと称す。海岸の砂浜に多く見られる匍匐性の多年性草本である。葉は互生し、長さ四〜六㎝、幅五〜一〇㎝、質は厚くて光沢があり、名前に由来する軍配状の形をとる。熱帯から亜熱帯にかけ分布し、国内では主に四国、九州、琉球列島の海岸砂地に分布する。

家畜衛生試験場でも種々の検査をおこなったが、グンバイヒルガオそのものに中毒をおこす報告や文献がなく決め手に欠いた。なかなか状況証拠だけではいわば立件することはできなかったのだ。

その後、家衛試で平安名盛己主任研究員を中心にグンバイヒルガオを実際、黒毛和種の牛に経口投与する実験もおこなったが、牛を死亡させるまでには至らなかった。

その後、水納島では同様な症例は発生していない。

鎮魂花

二〇〇二年四月下旬、広島・長崎の被爆者らがニューヨークを訪れ、同時多発テロの遺族らと悲しみを分かち合った。そこで日本側から米国側に渡されたのが折り鶴とキョウチクトウ。放射能の影響で七〇年間何も生えないとされた原爆投下の地にいち早く芽吹き、広島市の市花となって被爆者に希望を与えたのだという。

基地の島でそこかしこに植えられているキョウチクトウ。オキナワにはまだ希望を与えていない。

第一六話

ドブネズミと人間

『二十日鼠と人間　Of Mice and Men』
一九九二年　アメリカ
原作：ジョン・スタインベック
監督：ゲーリー・シニーズ
キャスト：ゲイリー・シニーズ
ジョン・マルコヴィッチ
シェリリン・フェン

レプトスピラ奮戦記

沖縄本島の北西に浮かぶ伊是名（いぜな）島は琉球王朝第二王統の始祖、尚円王生誕の地として知られる。わたしは北部家畜保健衛生所に新卒で赴任して一年後、この島の駐在獣医師として二年間住むことになる。

島医者としてこの伊是名島で十七年を離島勤務医として島民と苦楽をともにした藤江良雄氏の著書に『沖縄の島医者　―ある離島での記録―』（サイマル出版会）がある。

この中の「レプトスピラ奮戦記」の箇所を引用してみる。

〈伊是名島は古くから「米どころ」として知られている。耕地がよくひらけ、水も豊かで、稲作はサトウキビにつぐ、島の基幹農業である。風光は明媚、史跡に富み、人情の厚いたいへんいいところなのだが、ただ一つ困ったことがある。それは、水田と深いつながりのある悪疫―レプトスピラ症が多いことであり、それが米作りの大きな障害となっている。

島では稲は二毛作で、七月に一期作の稲刈りが終わり、八月に二期作の田植えが始まる。その頃がレプトスピラ症の多発時期で、毎年二十人から四十人の患者が集中的に発病する。沖縄で一つの地域からこれだけ多数の患者がでるところはほかにはない。別名「イゼナ病」といわれるゆえんである。

わたしがこの病気の存在に気づいたのは、昭和四十二年の夏である。当時四十七歳の農夫が、稲刈り後一週間ほどして急に悪寒戦慄を伴う高熱を出し、何日たっても四十度近い熱が下がらないと診療所にやってきた。

診れば顔貌は憔悴して生気がなく、口をきくのも大儀そうだ。食欲がまるっきりなく、この数日間なにも食べていないという。これは並の病気でをはない。さてなんだろう。腸チフスかな？いや、目が充血している。あちこちの筋肉が痛がる。ひょっとすると……。黄疸や出血症状がそろえばワイル病を考えざるを得ないが……。

ともかく採血してみよう。しかし、培地がない。県の衛生研究所に頼んだらなんとかしてくれるかもしれない。こうして第一号の患者が確認され、わたしとレプトスピラ症との腐れ縁が始まったという次第である。〉

「エンチュウ先生」奮戦す

〈島の古老に聞いてみると、この病気はかなり前から島に存在していたらしい。水田に入ったあとで、高熱を発し、原因がわからないまま一週間前後で死亡する人がときたまあった由。死なないまでも、高熱と全身衰弱でひどい目にあった人は少なくないようだ。島では原因不明のこの熱病を「日射病」といい、暑さ負けからくるものと一般に信じられていた。いわゆる「熱射病」と思われていたものが、実は「レプトスピラ症」という感染症であることをつきとめたわたしは、衛研の協力を得て、全島民の抗体保有状況を調べてみた。驚くなかれ、成人の約半数がレプトスピラ・ピロゲネスという抗原に百倍以上の凝集価を示したのである。」

陽性率は若年齢層から高年齢層にいくにしたがって高くなり、小学校では水田作業の手伝いをする年齢、つまり男子では四年生、女子では六年生から陽性率が急に高まる事実も明らかになった。島がレプトスピラ、なかでもピロゲネスというタイプに、広範かつ濃厚に汚染されていることは、もはや疑う余地がなくなった。

いまではこの病気のことが島中に知れわたっているから、夏の流行期に発熱すると、「先生、エンチュウ病ではないですか」と患者のほうからいってくる。

エンチュウとは、島の方言でネズミのこと。この病気を媒介するのがネズミであることに由来する。レプトスピラ症などと難しい病名を使っても、島の人にはピンとこないだろうからと、わたしが勝手に「ネズミ病」と呼んだのが、いつのまにか「エンチュウ病」という島言葉で呼ばれるようになってしまった。とすると、わたしはさしずめ「エンチュウ先生」ということになるのか……。〉

このあと、エンチュウ先生はレプトスピラ症と長い苦闘の末、現沖縄県獣医学会長である伊是名村出身の福村圭介医学博士など関係者と共同研究に乗り出す。そして、第一号の患者の診断から一〇年後、試作のワクチンへの熱誠によりレプトスピラの防圧を成就する。

藤江氏は著者が着任した時には、既に島を離れており、お目に掛かったことはない。

レプトスピラ菌

レプトスピラは八〇種の齧歯類をはじめ、トリ、ヘビ、カエル、魚など一二〇種を超える多種、多様な動物から分離される。スピロヘーター目レプトスピラ科に属するグラム陰性の細菌である。長さ六〜二〇㎛、直径〇・一〜〇・二㎛のらせん状の菌で、両端あるいは一端がフック状に曲がるきわめて特徴的な形態をしている。通常の染色法では染まりにくく、回転、屈伸などの活発な運動を暗視野顕微鏡で観察することができる。発育至適温度は通常の病原性細菌よりは低く、二五℃から三〇℃である。ネズミなどの保菌動物の尿やそれに汚染された水から経皮的あるいは経口的に感染が成立する。レプトスピラは表皮の小さな傷口や健康な皮膚からも侵入するといわれる。

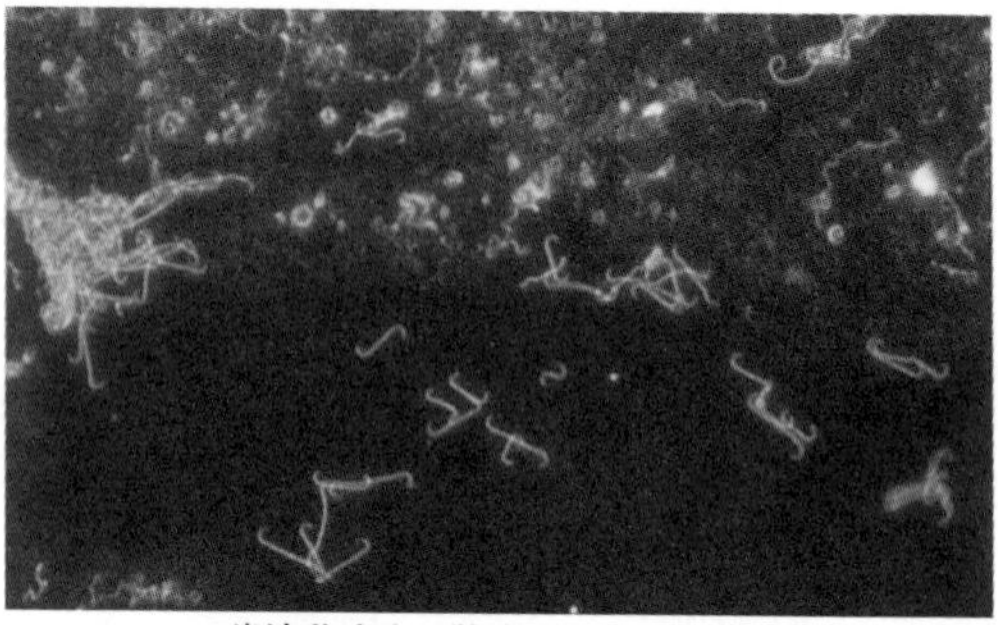

半流動培地に増殖した *Leptoapira*

稲田龍吉と井戸泰

レプトスピラは日本人が発見した菌としても知られる。一九一四年秋、福岡医科大学（現九州大学医学部）の稲田龍吉と井戸泰の両博士は黄疸を呈した炭坑夫の血液中からワイル病（一八八六年、コペンハーゲンの医師 Adorf Weil が見いだす）の病原体を発見し、この疾患を病原学的観点から黄疸出血性スピロヘータ病、後に黄疸出血性レプトスピラ病と名付けた。当初、*Spirochaeta icterohaemorrhagiae*（*ictero* は黄疸、*haemorrhagia* は出血の意）と命名されたが、野口英世の提案によって *Leptospira* という属名が与えられている。因みに稲田らは、この業績により北里柴三郎とともに日本人として初のノーベル賞候補に挙げられた。

Leptospira 属はＤＮＡの相同性により現在一三遺伝種と名称のない四遺伝群に分類されている。これとは別に凝集反応により二五〇余にもおよぶ血清型に分けられ、それぞれ固有の名称がつけられている。しかし、遺伝種分類と血清型分類は必ずしも一致せず、ひとつの血清群、あるいは血清型が複数の遺伝種にまたがることもあり混乱の原因となっている。しかし、ワクチンや血清診断などの面から今日でも血清型分類が広く利用されている。

県内のレプトスピラ浸潤状況

沖縄県環境衛生研究所の中村正治主任研究員らは一九九七年～二〇〇〇年に県内の七市町村住民（伊是名村、大宜味村、東村、与那城町、知念村、石垣市、西表島）のレプトスピラ抗体調査をおこなっている。これによると、陽性率は伊是名村六八・八％で最も高く、次に東村四八・〇％、大宜味村四七・五％、西表島四七・二％、石垣市一七・六％、知念村一三・五％、与那城町一三・三％の順であった。伊是名村は血清型では pyrogenes（pyrogenは人間、動物に発熱を引き起こすの意）が六八・二％と群を抜いて高く、他の血清型は〇・六％～二・二％の陽性率であった。

中村と千葉科学大学増澤俊幸教授らは県内のレプトスピラの保菌動物調査を行った。小型哺乳類については二〇〇〇年一〇月に石垣島、西表島、沖縄本島で、二〇〇一年一一月に伊是名島、沖縄本島で捕獲した齧歯目、食虫目のネズミの合計二二〇匹の腎臓を材料として菌分離を試みている。その結果、沖縄本島のドブネズミ一七匹中二匹（一一・八％）、クマネズミ一〇匹中三匹（三・〇％）、オキナワハツカネズミ四四匹中三匹（六・八％）、リュウキュウジャコウネズミ八三匹中二匹（二・四％）の合計一〇匹（四・六％）からレプトスピラが分離されている。分離株の血清型は一〇株のうち七株が血清型 javanica、一株が hebdomadis、一株が castellonis と推定された。javanica は国内においては沖縄県でのみ分離が確認されている血清型で、これまでも人、ネコ、ドブネズミ、クマネズミ、ジャコウネズミなどから多くの分離報告がある。ネズミをはじめとする各種齧歯類は感染しても発症せず、不顕性感染し保有体となる。

沖縄本島北部地域と西表島で有害鳥獣や狩猟で捕獲されたリュウキュウイノシシ Susscrofa riukiuanus 一三一頭の血清について、六血清型（australis、grippotyphosa、hebdomadis、icterohaemorrhagiae、javanica、pyrogenes）のレプトスピラに対する抗体価を顕微鏡的凝集試験（MAT）で測定している。その結果、六七頭（五一・一％）の抗体陽性率であった。地域別では本島北部地域が五〇％、西表島が六〇％であった。血清型別では hebdomadis が陽性四二例中一六例で六四〇倍以上の凝集価を示している。

各種動物のレプトスピラ症

次に、県内の各種動物のレプトスピラ症の歴史を見てみる。

家畜衛生試験場の第三研究室長だった本永博一らは一九八四年秋から冬にかけ県内で初めて家畜よりレプトスピラを分離している。

一例目は国頭村奥の黒毛和種の飼育農場で、一月ほど前に三産目を分娩した母牛が赤色尿、軽度の貧血、食欲および元気はやや低下、体温三九・二℃であった。

赤色尿は潜血（－）、ヘモグロビン（+++）の明瞭な血色素尿で尿淡白（+++）であった。血液検査では赤血球数の増加、好中球の核左転およびＬＤＨの上昇が認められた。

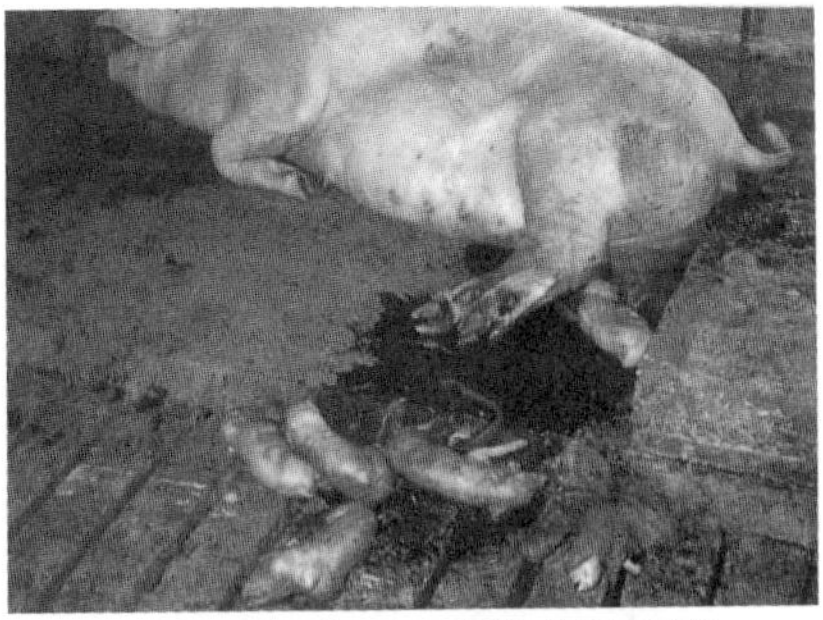

レプトスピラ症による流産（天久原図）

患畜の血液、尿を材料にモルモット接種、Fletcher 培地へ直接培養を組み合わせた結果、尿沈渣から autumnalis に属する血清型のレプトスピラが分離された。

二例目も一例目の近隣の農場で発生した。胎齢八ヶ月の早産牛で、胎児の腎臓の直接培養およびモルモット接種で、hebdomadis に属する血清型の菌を分離している。

牛からの分離の四年後、本永らは豚からの分離にも成功する。一九八六年秋から翌年の春にかけて、本島内の複数の農場で、散発的ではあるがかなりの頭数の母豚に異常産の発生がみられた。病性鑑定を行うなかで異常産の原因を特定するには至らなかったが、各種抗体検査でレプトスピラの侵淫を疑わせる成績が得られていた。そして一九八八年、本島南部の一農場および北部の二農場おいて異常産をおこした胎齢一〇〇日前後の胎児を中心にして胎児の肝臓、腎臓やその母豚の尿など六検体からレプトスピラを分離した。さらに南部の同一農場内のレゼルボア調査からイヌ、ネコ、ジャコウネズミからそれぞれレプトスピラを分離している。

分離七株の血清型は豚は canicola、hebdomadis、autumnalis に属し、イヌは canicola（イヌ型レプトスピラ）、ネコとジャコウネズミは javanica に型別された。

猫に関しては沖縄県動物管理センターの與那覇良克らの調査がある。

一九八八年から一九八九年にかけ同センターに搬入されたネコ二一四頭について血液と腎臓を検体として菌分離と抗体検査（ＭＡＴ法）を実施している。

血液四八検体の培養ではすべて菌分離陰性であったが、腎臓を培養した一九五頭のうち六頭（三・一％）からレプトスピラが分離された。血清型は六株のうち四株が javanica、二株が canicola と型別されている。また、二一〇頭の抗体検査では陽性率四・八％で血清型は canicola、javanica、pyrogenes の順であった。

レプトスピラが分離された猫は、外見上黄疸や削痩は見られず、比較的健康であり、腎臓の剖検所見でも軽度の退色や赤色斑が数例みられた程度であった。病理組織学検査では、その症例の多くが糸球体や尿細管の変性をともなったリンパ球の細胞浸潤が認められ、間質性腎炎が認められた。

犬はレプトスピラの主要な保菌動物であり、重篤な臨床症状を示し、動物病院にも患畜として来院する例が多い。名護市で開業するヤンバル動物診療所の大城菅雄所長のカルテや検査データ（一九九九年から二〇〇三年まで）から犬レプトスピラ症の実態をみてみる。

レプトスピラ病の確定例二三例のうち、性別は雄七八・三％、雌二一・七％と圧倒的に雄が多い。これは行動範囲の広さがその理由となっていると考えられる。主な症状は食欲減退・廃絶、嘔吐、下痢・軟便、目脂、黄疸、血尿、欠尿・無尿などである。血液生化学検査ではＢＵＮ、クレアチニン、ビリルビン、ＡＬＰおよびＣＰＫの顕著な上昇、ＧＰＴおよび白血球の上昇と赤血球の減少がみられている。

シェパードのレプトスピラ症

わたしも北部家畜保健衛生所にいた当時（一九九九年～二〇〇一年）に犬の病性鑑定でレプトスピラの抗体検査をよくやったが、強く印象に残っていた症例がある。

罹患したのは名護市内の一般家庭で飼育されている七歳の雌のシェパードでヤンバル動物診療所に来院する三日前から食欲廃絶を示し、体温三八・一℃、黄疸が顕著であった。アンピシリン製剤の投与を中心に治療を行ったが、治療三日目に死亡している。

家保で剖検を行ったが、これまでに類例を見ないほどの全身性の皮下の黄疸が特徴的であった。心臓には二〇～三〇隻のフィラリア成虫が寄生していた。病理組織学検査では心臓は石灰沈着が認められ、心筋線維は変性、壊死に陥っていた。腎臓は尿細管上皮を中心に石灰沈着があった。レプトスピラ抗体検査ではマイクロカプセル凝集反応で陽性が認められた。稟告によるとこのシェパードは自宅の近くの山や小川などでよく放し飼いで飼育されていたという。

県下の野犬に関する抗体調査では、前出の福村の一九七八年の調査によると四〇・〇%が陽性であり、血清型は一例を除き、すべてcanicolaであった。一九八九年の調査では二三%が抗体陽性で、その大部分からcanicolaの抗体が検出されている。

鹿児島大学、家畜内科学の阿久沢正夫教授は一九九二年から一九九六年にかけ全国の六地域（北海道、静岡県、富山県、兵庫県、岡山県、沖縄県）の臨床的に健康な飼育犬のレプトスピラ抗体検査を実施している。

沖縄県の陽性率は六二頭中一八頭（二九・〇%）で、全国平均の四九〇頭中九五頭（一九・四%）を上まわっているが、最も高いのは静岡県の四〇・〇%で、低いのは富山県の八・九%である。血清型は県下ではcanicolaが三分の二を占め、autumnalis、hebdomadis、pyrogenes、australis、icterohaemorrhagiaeと続く。この調査では注目すべきは、犬は抗体が検出された場合でも、発症を推測させる臨床症状および病歴を持つ個体は認められなかったことである。このことからから、不顕性感染も少なからず存在することは理解できる。

動物は種により保菌期間が異なり、牛では一般に数週間以下であるが、犬は感染後の保菌期間が長く、数年から生涯にわたりレプトスピラ尿症をしめすとされている。

ただし、レプトスピラは幸いなことに熱や乾燥、消毒薬に対する抵抗性はきわめて弱い。蒸留水中では四五℃、二五〜三〇分、五〇℃、一〇分、六〇℃、一〇秒で死滅し、湿度が生存には必須のため乾燥した土壌ではすぐに死ぬ。また塩素一ｐｐｍに三分さらされるだけで容易に死滅する。こうしたことから、家庭内の飼育犬に対しては、熱湯消毒、市販の塩素剤（ハイターなど）を用いた対策で充分、効果が期待できる。

現行の犬用ワクチンは icterohaemorrhagiae、canicola、hebdomadis、copenhageni の四血清型しか含まれていない。異なる血清型に対しての交差免疫は一部の血清型を除き、ほとんど期待できないことから、ワクチンに含まれない血清型の菌が感染した場合は発症を防げない。

レプトスピラには抗生物質による治療が奏功する。菌は感染後、血液中で増殖し、抗体の産生にともない、血液、肝臓から消失する。その後、腎尿細管に局在し、そこで増殖して、尿中に排泄される。そのため、ストレプトマイシンやアンピシリンなどが推奨される。

シーカヤックでの汚染

一九九九年七月から九月の間に八重山地域の医療機関から、頭痛（一〇〇％）、発熱（八七％）、悪寒（八〇％）、筋肉痛（五三％）、眼結膜充血（四七％）、関節痛（四七％）を主徴としたレプトスピラ症の疑いのある患者二三症例の検査依頼が県環境衛生研究所にあった。

菌分離と抗体検査の結果、一五例（石垣島三例、西表島一二例）がレプトスピラ症と判定された。菌が分離されたのは九例（hebdomadis、grippotyphosa、pyrogenes）で、抗体陽性（ペア血清の上昇または単一血清で凝集抗体価が八〇倍以上）は一五例であった。

レプトスピラ症と判定された患者を職業別にみると、シーカヤックインストラクターやカヌーガイドなどの観光関連が七名、農業四名、学生二名、土木業一名、その他一名の順となっている。

発生に関連して行われた住民の抗体検査では石垣島九一例中二一例（二三％）、西表島一三六例中六〇例（四四％）の陽性率となっている。日本最後の秘境といわれる西表島は島全体の九〇％が亜熱帯の原生林に覆われ、河川や水田に恵まれて、レプトスピラが生存するに適した湿潤環境が石垣島より多い。こうした豊富な水系での生活が齧歯類などと接触する機会が多くなり感染を受けていると考えられる。

四類感染症としてのレプトスピラ

レプトスピラ症は二〇〇三年一一月五日の感染症法の改正にともない新四類感染症の対象疾患になっている。これは「動物、飲食物等の物件を介して人に感染し、国民の健康に影響を与えるおそれがある感染症（人から人への伝染はない）として定められている感染症」の特徴をもつ。

診断した医師は症状や所見から当該疾患が疑われ、かつ病原学診断もしくは血清学診断がなされたものは届出の義務がある。

現在、この届出制度のおかげで患者の発生が正確に把握できるようになりつつある。

沖縄県衛生環境研究所の平良研究員は二〇〇五年に検査依頼のあった一二例のうち菌分離およびペア血清により確定診断された七症例について報告している。

六症例から菌が分離され、推定血清型は、hebdomadis 三例、pyrogenes 一例、javanica 一例、rachmati 一例となっている。

陽性者の年齢は、三〇代一名、四〇代一名、五〇代一名、七〇～八〇代三名、性別は男六名、女一名であった。推定される感染場所は、七例中五例は川遊び、土木作業、農作業など野外での事例であったが、残りの二例は野外での感染の可能性はなく、自宅でネズミが頻繁に出没していたことから、これが感染源となった可能性が示唆された。また、そのうち一例は潜伏期間内（三～一四日）に自宅でネズミに噛まれており、創傷部位からの感染も考えられた。

レプトスピラ症は重症型（ワイル病）を引き起こす血清型として icterohaemorrhagiae、copenhageni が知られており、それ以外の感染血清型は比較的軽～中等症型である。しかし、今回の七症例のうち hebdomadis 三例、pyrogenes 一例、javanica 一例の五例は黄疸、肝機能障害、腎機能障害を呈する重症型であった。

現行の人用ワクチンは icterohaemorrhagiae、copenhageni、autumnalis、hebdomadis、 australisを含む不活化ワクチン。この五血清型の感染を予防できる。有効期間は六年であるため、五年に一回の追加接種が必要である。

再び、『沖縄の島医者』

再び、『沖縄の島医者』の巻末を繙いてみよう。

〈島の診療所にいたおかげで、わたしはいろいろ勉強させられた。この経験と知識を今後の診療に生かしていきたい。そして、レプトスピラ症が決して伊是名だけの風土病ではなく、沖縄県内に広く分布する病気であることを明らかにしたいと思っている〉

藤江氏は福村圭介博士らとともに一九八二年（昭和五七年）沖縄県レプトスピラ症研究グループとして沖縄研究奨励賞（財団法人沖縄協会）を受賞している。

二〇〇四年の国立感染症研究所の発生動向調査統計によると、レプトスピラ症の発生数は一八例で、そのうち七例は沖縄県からの報告である。今後、届出数の実態を把握することで少しずつではあるがレプトスピラ症解明への知見が集積されていくものと期待される。

第一七話

ミツバチのなげき

『ミツバチのささやき　El Espiritu de la Colmena』
一九七三年　スペイン
監督：ビクトル・エリセ
キャスト：アナ・トレント
　　　イサベル・テリェリア
　　　フェルナンド・フェルナン・ゴメス

三種類のハチ

『完訳　ファーブル昆虫記』で新訳が刊行中である仏文学者の奥本大三郎の『虫のゐどころ』（新潮文庫）を読んでいると、外国語では「善い蜂」「怖い蜂」とその残りあるいは「ロクでもない蜂」と分類があり、英語では順にbee、hornet、waspとある。ホーネットというのはジェット戦闘機やミサイルに付けられる名であるとも書かれてある。

二〇〇〇年二月九日の地元紙の琉球新報には米海軍所属の「FA—18ホーネット」戦闘機がエアーニッポン（ANK）機と那覇市の北西約七〇キロの海上上空で最接近時の高度差が約六〇メートルのニアミスがあったことを報じている。

そういえば一九六〇年代後半の三拍子そろったマカロニ・ウエスタン（アメリカ本国ではスパゲッティ・ウエスタンという）の傑作『続・夕陽のガンマン』（セルジオ・レオーネ監督、クリント・イーストウッド主演）のイタリア語の原題は「Il bruno, il brutto, il cattivo　いい奴、悪い奴、きたない奴」である。

英和辞典の定義

『ランダムハウス英和大辞典』を見ると、「**bee**　**1**（1）ハチ：ミツバチ（honeybee）、マルハナバチ（bumblebee）など。（2）（普通の）ミツバチ。（3）《比喩的》勤勉な人、働き者」

「**hornet**　**1**　スズメバチ、クマンバチ：スズメバチ科の大形のハチの総称。**2**《比喩的》絶えまなく猛攻撃をしかけてくる敵」「**wasp**　**1** ハチ：スズメバチ科 Vespidae、ジガバチ科 Sphecidae などの大形のハチの総称。**2** 怒りっぽい人、短気な人、気難し屋。**3** 刺すような痛みを与えるもの、激怒させるもの［いらだたさせる］もの。」とある。

わたしにとっては、bee も「善い蜂」とはいえない。なにせハチ毒には体質的に人一倍、感受性が高い。蜂に刺されて呼吸困難や意識障害などのアナフィラキシーショックのような強い全身症状を体験したことはないが、腫れがひどくなる。

ハチの種類はきわめて多く、世界中には一〇万種類もいるといわれている。わが国には、蜂刺症の対象となる蜂類としては、スズメバチ類一六種、アシナガバチ類一一種類、ミツバチ類二種(トウヨウミツバチ、セイヨウミツバチ)、マルハナバチ類一四種類が知られている。

腐蛆病検査

家畜保健衛生所の業務のなかにはミツバチの検査がある。離島の独りだけの駐在勤務を終えて、首里の実家からわずか十数分の中央家畜保健衛生所防疫課勤務になると若輩者の慣例として、ミツバチ担当にさせられた。

「養ほう振興法」という法律があり、第三条(養ほう業者の届出)として、「業としてみつばちの飼育を行う者は、農林水産省令の定めるところにより、毎年、その住所地を管轄する都道府県知事に次ぎの各号に掲げる事項を届け出なければならない」とある。

プロの養蜂家はもとより、市町村によってはアマチュアの好事家(こうずか)にいたるまでミツバチの飼育に関しては市町村に届けられている。届出のあった養蜂家に行き、県外に移動する場合などに定期的に検査をしなければならない(これを転飼という)。その時、必ずや体のどこかを刺されて帰る羽目になる。

防虫網に迷い込んだ蜂に目の真下をやられた時が一番ひどかった。その日は晩方から体が熱っぽくなり、食欲がなく、腹がシクシクしだした。痛みは夜になると容赦ないまでになった。翌朝、目覚めると左目はほとんど最終ラウンドのロッキー・バルモア状態になっていた。

後で、薬理学の本を読んでみるとぴったし症状が合致している。ハチ類の毒成分は酵素類、ペプチド、低分子物質の三つに大別される。これらの成分は結合組織の破壊、血圧降下、細胞膜透過性の亢進、痛み、平滑筋の収縮などをおこす。毒液の注入によってこれらの物質が総合的に作用することでさまざまな症状をおこすのだ。

腹痛は免疫担当細胞であるマスト細胞からヒスタミンが放出されることで、腸管の不随意である平滑筋が激しく収縮することで起こる。

目の腫れと発赤も同じくヒスタミンが皮膚の血管の透過性を高め、浮腫を起こし、拡張に伴って血液が滞っているためとある。

その日以来、腐蛆(ふそ)病検査の時には絶えず、抗ヒスタミン軟膏を持ち歩く習慣がついた。

なお、かつては人口に膾炙(かいしゃ)していたアンモニア療法であるが、蜂毒はほぼ中性に近く、アルカリ性のアンモニアで中和することは全く効果がない。応急処置としては患部を冷やすことが先決である。

養蜂界では保有する巣箱を一群として称している。通常一〇〇群から二〇〇群が中堅クラスで二〇〇群を超えるとなるとかなりの専業養蜂家になる。

映像で見るあの木の四角い巣箱の中には巣脾（すひ）と称する人工的な木枠が並べられている。この枠内にミツバチは腹部から分泌される蜜蝋と呼ばれる物質と花粉や唾液でもってわれわれになじみのあの六角形の巣房を作っていく。一群は蜂数が二万～四万匹で、一匹の女王バチと一〇〇から三、〇〇〇匹の雄バチと残りの大多数の働きバチ（嗚呼！　何と彼女らは一日七時間しか働かないらしい）で構成されている。女王バチは一日平均二、〇〇〇個を産卵し、働きバチはかいがいしくその世話にあたる。

外側の巣脾の中はほとんどの場合貯蜜枠であり、目的となる蜂蜜がそこにはたっぷり蓄えられている。一匹の働きバチが一生（三〇日から四〇日）かけて集める蜂蜜の量はわずかティースプーン一杯分といわれている。このためミツバチは花と巣箱の間を三万回も往復しなければならない。横に傾けようなら蜂蜜がこぼれてしまうから養蜂家の目が光る。

次の一枚は貯蜜が少しと花粉が多く貯えられている。ご存じのない方も多いと思うが、実は蜂蜜は花蜜（ネクター）が濃縮されただけのものではない。花蜜は糖分ばかりで、ビタミン、ミネラルをほとんど含んでいない。蜂蜜の豊富なビタミン、ミネラルはおもに働きバチの後脚の花粉カゴで集められる花粉に由来している。唾液の中の酵素群により、ショ糖は転化されてグルコースとフラクトースになり、グルコン酸をはじめとする多種の有機酸が生成する。フラクトースは吸湿性が高く、蜂蜜が結晶化したり、固化するのを防ぐ。さらに有機酸はpHを四以下にまで下げ、抗バクテリア性を高めている。

内側に蜂児枠の場合が多い。種蜂五枚群なら貯蜜枠が二枚と蜂児枠が三枚、六枚群なら蜂児枠が四枚が普通である。蜂児枠は巣房の上には蓋のない蜂児枠と蓋がついた有蓋蜂児枠があり、蓋のない蜂児枠には卵から孵化した幼虫が入っている。有蓋蜂児枠にはまもなく出房する成蜂になる寸前の蜂児が入っている。

蜜源が豊富にあって女王バチの能力が高い場合は群勢があり、衛生状態も良好であるが、それに陰りが出てくると蜂児に様々なが疾病が襲ってくる。

健康な蜂児が入っている巣房の蓋は、中央が少し盛り上がっている凸面形をしているが、なんらかの異状があった場合は凹面形をしている。いわば缶詰とは逆の現象を示すと考えてよい。

ミツバチの疾病には細菌性のアメリカ腐蛆病とヨーロッパ腐蛆病があり、いずれも家畜の法定伝染病に指定されている。なお、ミツバチも家畜伝染病予防法ではいっぱしの「家畜」に指定されている。真菌性としてハチノスカビが原因のチョーク病があり、寄生虫性ではミツバチへギイタダニが関与するバロア病がある。いずれも蜂児が感染し、被害をもたらす。これらが御三家といえるもので、あとは微胞子虫のノゼマ原虫 *Nosema apis* が成虫に感染するノゼマ病、ウイルス疾患として慢性麻痺病ウイルスが関与して成虫に被害をもたらす麻痺病、サックブルードウイルスが蜂児に感染するサックブルード、マルピーギ管アメーバが原因の成虫のアメーバ病などがある。

ハチの病気御三家

読んで字の如しで蛆が腐っていく腐蛆病のなかのアメリカ腐蛆病は芽胞菌の一種である *Paenibacillus larvae* の感染によっておこる。*P. larvae* は以前は *Bacillus larvae* と称されていた菌で現在は *Paenibacillus* 属に移されている。*Bacillus* 属は炭疽菌 *Bacillus anthras* のような大立て者や毒素型の食中毒を起こす *Bacillus cereus* がいるが、その他の菌種は納豆菌などの有益なものや非病原性の菌で構成されている。巣箱の残留物やハチミツを介して孵化後二日以内の若齢蜂児に移行したときに感染がおこる。

症状は有蓋期幼虫が死亡し、蓋は変色、陥没し、生きていた時の乳白色からチョコレート色から黒褐色へ腐敗融解して、粘稠性で糸を引くようになる。ヨーロッパ腐蛆病では無蓋幼虫が死亡することが多く、死虫の溶解や粘稠性はあまり認められない。

腐蛆病の大半はアメリカ腐蛆病が占めていて、伝染力も強力である。世界各国で蔓延し、かなりの経済的被害が出ている。家伝法では発生した場合は巣箱ごと焼却処分が義務づけられている。

腐蛆病はプロの養蜂家で大々的に発生することは比較的少ないが、アマチュアの愛好家で飼育されている蜂群に圧倒的に多い。趣味で片手間にやっているせいか、養蜂に関する知識に乏しいため、病気そのものに全く理解がない例もままある。

腐蛆病の有効な予防法は現在まで確立されていない。細菌性疾病であるため抗生物質の投与が有効であるが、薬剤投与期間中の貯蜜は薬剤の残留に配慮しなければならず、もちろん商品として販売はできなくなる。また、残留の可能性のある貯蜜はハチへの給餌にも使用しないように指導されている。

農畜産振興事業団は「はちみつ抗菌剤残留防止事業」により、財団法人畜産生物科学安全研究所に腐蛆病の防除に有効な薬剤の研究を依頼した。各種の試験データからからマクロライド系抗生物質であるミロサマイシンが最適であるとの結果が得られている。

チョーク病

チョーク病はチョークブルード chalkbrood とも称され、主に四日齢前後の蜂児 brood がミイラ化して文字どおりチョーク状の白色石膏化する病気である。真菌の子嚢菌類に属するハチノスカビ *Ascosphaera apis* が腸管経由または体表クチクラの損傷部から蜂児に感染する。国内では一九七九年に初めて岐阜県で鹿児島県からの転飼群に野外発生例が認められ、その後各地で多数の発生報告がなされている。

感染の初期には菌糸層が増殖してチョーク状になり、その後胞子が形成され始めると体表は黒褐色を呈するようになる。そのため巣脾内には様々なステージの色の異なった蜂児を見つけることができる。

ハチノスカビはミツバチの幼虫がグリコーゲンを合成するのに使っている組織中のグルコースとトレハロースの濃度を急激に低下させるという。

虫に付くカビといえば、誰しもがあの冬虫夏草を思いうかべる。ご存知、冬虫夏草は、昆虫やクモの体、あるいは地中菌の子実体などにそれぞれ特定の菌が感染して斃死させ、徐々に寄生組織全体を菌核におきかえ、やがて寄生上に子実体を生じたものである。キチンを含んだ硬い皮膚を侵す特殊な冬虫夏草菌はコルディセプスと呼ばれ、子嚢菌麦角病菌科に属している。

わたしがこの面妖なハチノスカビに遭遇したのが、一九八五年の九月であった。中部のA養蜂場での定期腐蛆病検査時に、一六〇群のうち五群の中から無蓋の若齢蜂児にチョークブルードを疑う個体を確認して家保に持ち帰った。いろいろと文献を漁ってみると、M40Yという砂糖が四〇%に麦芽エキスと酵母エキスの入った特殊な培地が推奨されていた。Mは麦芽maltでYは酵母yeastの略である。発育の至適温度は二七℃から三〇℃とされたので、三〇℃で培養すると、培養二日目から綿毛状の白い気生菌糸層が見えてきた。四日目頃からは黒褐色の胞子嚢が密生して形成され始め、六日目には直径九㎝のシャーレ一杯に発育してきた。真菌の同定の重要な指標でもある集落の裏面（培養したシャーレの裏側から観察する）は無色で、集落は特有のなんともいえない甘く、芳醇な酸味臭が漂ってきた。

その後、実体顕微鏡で胞子嚢、胞子球、子嚢胞子などを確認した。また、常法にのっとり、スライド培養、ラクトフェノールコットンブルー染色、PAS染色を行って形態を観察し最終同定をした。

チョーク病の予防や防除のための抗真菌性物質はない。消毒剤としては、わたしもいろいろと試験したが、漂白剤である塩素剤を始めとするほとんどの一般的な消毒剤が奏効する。常時、消毒を行うというのもプラクティカルな方法ではないので、予防の一環としては巣箱を強勢群にして衛生的な蜂群の維持に努めるといった基本的な方法しかない。

寄生虫性ではミツバチヘギイタダニ *Varroa jacobsoni* が関与するバロア病がある。世界には蜂に寄生するダニが一四〇種類以上いるとされるが、セイヨウミツバチに寄生して経済的な被害をもたらすのはこの小豆色で扁平な一種だけである。成熟した雌ダニは幼虫巣房に潜り込み、産卵後の幼ダニは蛹から体液を吸って七~九日間で成ダニになる。なお、ニホンミツバチはミツバチヘギイタダニには抵抗性がある。ダニは吸血はするものの大発生はせず、被害もなり。

春の椿事

腐蛆病検査は様々な椿事の宝庫である。

現在は県をリタイアして中国福建省で畜産の社長業に勤しんでいるT氏はある日、中部のY村に腐蛆病検査に出かけた。検査には通常、市町村の畜産担当者が養蜂場の案内や検査の補助を行う。その日は謹厳実直を絵に書いたようなI氏が同行していた。以前は村の教育委員会にも長くいたらしく、物静かに要諦をついた教育論をとつとつと語る場面をわたしも幾度か目にしたことがある。

おりしも当日は、朝から天候がかんばしくない。蜂は晴天の時は機嫌がいいが、曇り空や小雨でもちらついている時には風雲急を告げかねない。お昼も少し過ぎ、なんとか検査も無事終えて、重装備を解きはじめた。ガムテープを厳重に幾重にも巻き付けた燻煙臭漂うゴム手袋を外し、頭の防虫網を脱ぎだしたその時、T氏はある異変を感じた。蜂が首筋の隙間から白衣の中に侵入したらしく、氏のとみに豊満になりはじめた横腹辺りを彷徨(さまよい)だした。たかが一匹だと思ったらしく、白衣の上からままよとばかり叩き潰しにでた。見事に撃ち死にと仕留めたが、まだ残党がいたとみえて、この騒ぎで一挙に蜂が逆襲にでた。振り払おうと必死でもがくほど蜂は背中に移動しながら氏の全身を刺し始めた。さらにパニックに陥った無防備な頭めがけて今度はそれまで温和しくしていた巣箱周辺の蜂まで唸りをあげて大群でやってきた。氏は彼方に止めてあった公用車めがけて脱兎のごとく駆けだした。その時、役場のI氏もほぼ同時に車に向かっていた。高校、大学と陸上の中距離でならしたT氏にはもはや昔日の韋駄天とよばれた脚力は残されていなかった。I氏が一瞬早く車のドアを開けすべり込んだ。そしてT氏が続けてドアを開けはじめようとした時、その日の二回目の異変に気付くことになった。先に乗り込んだI氏が内鍵をロックしはじめたのだ。助手席側の前後のドアを閉ざされた氏が運転席側のドアに回りこんだ時には、踵を返したI氏がそちらの前後もロックした。四箇所を封印されたトヨタマークⅡの窓をT氏は幾度叩きつづけただろうか。中ではI氏がうつむいたまま目を閉じ、拝むようにじっと息を殺したまま微動だにしなかったという。

その後、繰りひろげられたとされる地獄絵の終焉をわたしは書く筆力を持たない。合掌。

二種類の人間

『続・夕陽のガンマン』では開巻まもなく、イーライ・ウォラック扮する卑劣漢がクリント・イーストウッドに言う。

「この世には二種類の人間がいる。ドアから入る奴と窓から入る奴だ」

映画のラスト近く立場は逆転する。イーストウッドがウォラックに向かって、

「この世には二種類の人間がいる。銃を構える奴と穴を掘る奴だ」

一九八〇年代後半、沖縄県中部の安寧（あんねい）な村で起こったこの小事件は、次のような刻薄とユーモアが背中合わせになった警句とともに語り継がれている。

「この世には二種類の人間がいる。ドアから入る奴と窓を叩き続ける奴だ」

一六世紀にストラスフォードで生まれたロンドン、グローブ座の著名な座付作者は「終わりよければすべてよし」と言ったが。

To bee, or not to bee : that is the question.

参考文献

第一話
『獣医畜産六法（平成一八年度）』、新日本法規、二〇〇五

第二話
ジェローム・K・ジェローム、丸谷才一訳『ボートの三人男』、中公文庫、一九七六
大森常良他編『牛病学（初版）、病理解剖（石谷類造）』、近代出版、一九八〇
其田三夫監修『主要症状を基礎にした牛の臨床』、デーリィマン社、一九八二
萬年甫『動物の脳採集記』、中公新書、一九九七
仲宗根一哉『沖縄県のヘイレージ利用農家で発生した牛の銅欠乏症』、畜産の研究、四六巻、二八一-二八六、一九九二
安里左知子『ヘイレージ給与が牛の血中銅濃度におよぼす影響』、日獣会誌、四七、一七五-一七九、一九九四

第三話
『豚の腸炎型炭疽の発生について』、日獣会誌、三五、四八五-四八六、一九八二
梁川良他編『新編獣医微生物学、バシラス属（東量三）』、三七七-三八二、一九八九
牧野壮『炭疽』、モダンメディア、四五巻、二五一-二五七、一九九九
本永博一『沖縄県で発生した豚の炭疽の経過について』、沖縄県家畜衛生試験場年報、第一八号、六九-七四、一九八二
柏崎守他編『豚病学（第四版）、炭疽（内田郁夫）』、三三七-三四二、一九九九
栗林輝夫『シネマで読む旧約聖書』、日本キリスト教団出版局、二〇〇三
和田誠『お楽しみはこれからだＰＡＲＴ７』文芸春秋、一九九七

第四話
吉川昌之介編『医科細菌学（改訂第二版）』、南江堂、一九九八
海老沢功『破傷風菌の生態学』、モダンメディア、四七巻、一九五一九九、二〇〇一
小林とよ子『沖縄県下における *Clostridium botulinaum* と *Clostridium tetanni* の分布』、感染症学雑誌』、感染症誌、六六巻、一六三九-一六四四、一九九二
三木卓『震える舌』、新潮文庫、一九八〇
山下洋輔『ピアニストに御用心！』、新潮文庫、一九八一

第五話
又吉栄忠『沖縄県の放牧牛に多発するいわゆる牛の後驅運動障害（仮称牛の腰フラ病）の原因調査について』、沖縄家衛試年報、一五号、三九-四五、一九七八
天久勇市『ソテツ葉給与牛の血清性状の変動』、一八号、三七-五〇、一九八二 他
小林昭『放牧牛のソテツ中毒に関する研究』、鹿児島大学農学部学術報告、三四号、一一九-一二九、一九八四 他
安田宣紘『放牧牛のソテツ中毒に関する病理学的研究』、鹿児島大学農学部学術報告、三四号、一三一-一三七、一九八四

第六話
大岡昇平『事件』、新潮文庫、二〇〇四
渡部保夫『刑事裁判を見る眼』、岩波現代文庫、二〇〇二
清水　正他編『牛病学（第二版）、乳房炎（浜名克己）』、近代出版、一九八八年
柏崎守他編『豚病学（第四版）、滲出性表皮炎（清水晃）』、近代出版、一九九九

第七話
小熊惠二『ボツリヌス毒素』、モダンメディア、四四巻、七号、一九九八
坂口玄二『鶏ボツリヌス症』、鶏病研究会、増刊号、一九八〇
久保周一郎『ボツリヌス神経毒素の構造と機能』、日獣会誌、四三巻、五-一一、一九九〇

岡本嘉六『鶏ボツリヌス症の流行要因』、日獣会誌、五二巻、一五九-一六三、一九九九
岡本嘉六『鶏ボツリヌス症の発症要因』、日獣会誌、五二巻、一六八-一七三、一九九九
金城英企『肉用アヒルにおけるC型ボツリヌス症の集団発生』、沖縄県家衛試年報、二〇号、一九八四

第八話
麻生芳伸『落語百選全四巻』、ちくま文庫、二〇〇〇
柏崎守他編『豚病学（第四版）、トキソプラズマ病（志村亀夫）』、一九九九年
寒川猫持『猫とみれんと―猫持秀歌集』、文芸春秋、一九九六
キングズレー・エイミス、山本博訳『エヴリデイ・ドリンキング』、講談社、一九八五

第九話
吉川昌之介『細菌の逆襲』、中公新書、一九九五
清水文七『ウイルスの正体を捕らえる』、朝日選書、一九九六
中澤宗生『大腸菌の生態と疾病予防対策』、鶏病研究会報、四一巻、一七七-一八四、二〇〇五
又吉正直『子牛由来Ｖｅｒｏ毒素産生性大腸菌の細菌学的性状、薬剤感受性とプラスミドプロファイル』、日獣会誌、五三巻、二七九-二八四、二〇〇〇
又吉正直『沖縄県で分離された山羊由来Ｖｅｒｏ毒素産生性大腸菌の細菌学的性状と薬剤感受性』、感染症誌、七六巻、五一-五六、二〇〇二

第一〇話
平良勝也『沖縄県におけるフラビウイルス媒介蚊調査』、沖縄県環境衛生研究所報、三九号、三九-四四、二〇〇五
片山雅一『若齢和牛に発生した日本脳炎』、日獣会誌、五三巻、二九三-二九六、二〇〇〇
橋村兼次『野外における日本脳炎ウイルスによる豚の精巣感染』、日獣会誌、三四巻、三一四-三一九、一九八一
上宮田正己『日本ウイルスによる豚の精巣精巣上体炎の発生例』、日獣会誌、三五号、四六九-四七三、一九八二
波岡茂郎他編『豚病学（第三版）、日本脳炎（藤崎優次郎）』、三〇一-三〇四、一九八七
菅原茂美『豚の死流産実態調査』日獣会誌、二六巻、四三一-四三五、一九七三　他

田淵英一『山羊日本脳炎に就いて』家畜衛生試験場研究報告、二三号、一六五-一七六、一九五一
仁平稔『沖縄県内のリュウキュウイノシシにおける日本脳炎ウィルス抗体保有状況』、沖縄県衛生環境研究所報、三九号、七九-八一、二〇〇五

第一一話

坂崎利一、田村和満『腸内細菌（上）』、近代出版、一九九二
トニー・リーブス、斉藤敦子監訳『世界の映画ロケ地大事典』、晶文社、二〇〇四
芝崎勲監修『有害微生物管理技術第I巻』、三四五、鶏卵のサルモネラ汚染状況、二〇〇〇
Editor in Chief A.M.Saeed『*Salmonella enterica* Serovar Enteritidis in Humans and Animals』Iowa States University Press、一九九九
中村政幸『人と動物の*Salmonella* Enteritidis、疫学、病理発生、対策（一）』、鶏病研究会報、三五巻、三号、一二七-一三七、一九九九
伊藤武、楠淳『サルモネラ食中毒の発生動向とニワトリ』、動薬研究、五三巻、一九九六
仲西寿男『S.Enteritidisによる下痢症の現状と食品衛生上の課題』、鶏病研究会報、二七巻増刊号、一-六 一九九一
中臺文『わが国に輸入されたカメおよびトカゲ類における*Salmonella*の保有状況』、日獣会誌、五八巻、七六八-七七二、二〇〇五
加藤行男『ビル飲食店と魚市場のネズミにおける*Salmonella*および*Campylobacter*保菌状況』日獣会誌、五二巻、一九四-一九七、一九九九
又吉正直『一九九二年から二〇〇五年に沖縄県の動物および環境から分離された*Salmonella*の血清型と薬剤耐性』日獣会誌、五九巻、二五九-二六五、二〇〇六
渡辺弘恵『最近のサルモネラ感染症とその感染源』、モダンメディア、四八巻、二号、一-六、二〇〇二
板屋民子『作業用手袋を介してのと畜場枝肉の汚染』、日獣会誌、五二巻、三七-四〇、一九九九

第一二話

平詔亨『和牛生産牧場にみられた乳頭糞線虫とコクシジウムの濃厚感染例』、家畜衛試研究報告、四一-四七、一九八八

井手口秀夫『ポックリ病が発生していた農場の子牛群における寄生虫調査』、日獣会誌、四五巻、七四七-七五一、一九九二
Yoshio NAKAMURA et al『Parasitic Females of *Srtongyloides papillosus* as a Pathogenic Stage for Sudden Cardiac Death in Infected Lambs』J.Vet.Med.Sci、五六、七二三-七二七、一九九四
平詔亨『子牛の乳頭糞線虫症』、家畜衛試研究報告、九六号、四二五-四二八、一九九一
平詔亨『日本における子牛の乳頭糞線虫症による死亡事故の年次別発生と被害額』畜産の研究、四九巻、四三-四八、一九九五
鹿島茂『背中の黒猫』、文芸春秋、二〇〇一

第一三話
福田眞人『結核という文化—病の比較化史』、中公新書、二〇〇一
清水　正他編『結核病（横溝祐一）、牛病学（第二版）』、近代出版、一九八八
清水亀平次『牛の非定型抗酸菌感染について』、日獣会誌、三六巻、五〇七-五一四、一九八三
山田洋次『映画をつくる』、大月書店　国民文庫、一九七八
鹿島茂『パリ・世紀末パノラマ館』、中公文庫、二〇〇〇
梁川良他編『マイコバクテリウム属（柚木弘之）、新編獣医微生物学』、養賢堂、一九八九
Paul C.Erwin et al『*Mycobacterium tuberculosis* Transmission from Human to Canine』Emerg Infect Dis、一一、二二五八-二二六〇、二〇〇四
宇根有美『人型結核菌による犬の結核症の一例』、獣医畜産新報、五八巻、三三三-三三四、二〇〇五

第一四話
稲垣真美『現代焼酎考』、岩波新書、一九八五
山口英世『病原真菌と真菌症』、南山堂、二〇〇五
高島浩介『真菌性ズーノーシス』、日獣会誌、五〇巻、六九一-六九九、一九九七
山口英世『真菌（かび）万華鏡』、南山堂、二〇〇四
宮治誠『カビと病気』、自然の友社、一九八九

第一五話
Anthony T.Tu 編著『一酸化炭素毒殺事件とトリカブト事件（大野曜吉）、事件からみた毒―トリカブトからサリンまで』、化学同人、二〇〇一
坂口拓史『トリカブト事件』、新風社、二〇〇四
植松黎『毒草を食べてみた』、文春新書、二〇〇二

第一六話
藤江良雄『沖縄の島医者―ある離島での記録』、サイマル出版会、一九八二
増澤俊幸『げっ歯類を感染源とする人畜共通感染症　レプトスピラ病』、日獣会誌、三二四-三三〇、二〇〇一
中村正治『沖縄県内七市町村住民のレプトスピラ抗体保有調査』沖縄県衛生環境研究所報、三五号、四三-四六、二〇〇一
中村正治『沖縄県におけるレプトスピラの保菌動物調査』、日獣会誌、五七巻、三二一-三二五、二〇〇四
與那覇良克『沖縄県の猫のレプトスピラ保有状況について』、沖縄県公害衛生研究所報、二四号、、四〇-四五、一九九〇
阿久沢正夫『わが国の六地域における飼育犬のレプトスピラ抗体保有状況』日獣会誌、五二巻、七八〇-七八三、一九九九
本永博一『県内で発生した牛のレプトスピラ症について』沖縄県家衛試年報、二一号、一五-一八、一九八四
平良勝也『一九九九年夏季に八重山地域で多発したレプトスピラ症』沖縄県獣医師年報、二四号、四一-四五、二〇〇〇

第一七話
奥本大三郎『虫のゐどころ』、新潮文庫、一九九五
Z.Glinski、J.Jarosz『糸状菌病に対するミツバチの防御』、ミツバチ科学、二一（二）、六九-七四、二〇〇〇
佐々木正己『ニホンミツバチ』、海游社、一九九九

お苦しみはこれからだ
オキナワの動物病性鑑定記

★★★

監督/脚本

又吉　正直

またよし　まさなお

1955（昭和30）年、那覇市首里生まれ。
鳥取大学農学部獣医学科卒業．沖縄県庁勤務．獣医学博士．
家畜保健衛生所、家畜衛生試験場で主に病性鑑定、試験研究に就く．
1999年JICA専門家としてメキシコ国派遣．
第36回（平成13年度）優秀畜産技術者（県内初受賞）．
現在：八重山家畜保健衛生所主幹
専門：獣医細菌学、人と動物の共通感染症

★★

2007年６月15日　第一刷発行
著　者　**又吉　正直**
発行者　**宮城　正勝**

★

発行所 **(有)ボーダーインク**
沖縄県那覇市与儀226-3
電話 098-835-2777
FAX 098-835-2840
http://www.borderink.com

★★★

© MATAYOSHI Masanao　2007

ISBN978-4-89982-124-3
priented in OKINAWA

★

Fin